生命质量的遗传及神经生物学基础

全　鹏　万崇华　著

科学出版社

北京

内 容 简 介

本书分为 15 章，全面系统地介绍了生命质量（主观幸福感）遗传及神经生物学研究的各个方面，且从生命质量的概念入手，将内容扩展到生命质量的遗传及神经生物学研究。生命质量研究已经从早期简单的量表测评发展到目前运用神经病理学、神经生物学、分子遗传学、神经影像学等多种手段进行研究，进入了针对其病因、病理学特征、发病机制、临床表现、生物学标志进行全面研究的新阶段，为预测与提高生命质量提供了理论基础和方法学基础。当前社会重视和谐、幸福感和生命质量，本书具有较强的现实意义。

本书适用于高等医药院校相关专业研究生及相关研究人员。

图书在版编目（CIP）数据

生命质量的遗传及神经生物学基础 / 全鹏，万崇华著. —北京：科学出版社，2022.1

ISBN 978-7-03-064165-6

Ⅰ. ①生… Ⅱ. ①全… ②万… Ⅲ. ①遗传学-研究 ②神经生物学-研究 Ⅳ. ①Q3 ②Q189

中国版本图书馆 CIP 数据核字（2019）第 300070 号

责任编辑：王锞韫 朱 华 /责任校对：宁辉彩
责任印制：李 彤 /封面设计：陈 敬

科 学 出 版 社 出版

北京东黄城根北街 16 号
邮政编码：100717
http://www.sciencep.com

涿州市般润文化传播有限公司 印刷
科学出版社发行 各地新华书店经销

*

2022 年 1 月第 一 版 开本：787×1092 1/16
2022 年 10 月第二次印刷 印张：7
字数：193 000
定价：88.00 元

（如有印装质量问题，我社负责调换）

本书获国家自然科学基金（30360092、30860248、71373058、81402771、81460519）、广东省科技计划项目（2013B021800074）、广东省创新强校工程项目及基础与应用基础研究重大项目（2014KTSCX081、2016KTSCX046、2017KZDXM040）、东莞市高校科研机构和医疗卫生单位科技计划重点项目（2011105102008）等课题资助！

课题参加者（按姓氏笔画排序）：

广东医科大学：丁元林　万崇华　王丹丹　全　鹏　刘琼玲　杨　铮
　　　　　　　胡利人　禹玉兰　曾伟楠　褚成静　谭健烽　潘海燕
广东医科大学附属医院：伍　俊　刘付贞　吴　斌　陈　敏　林志雄
　　　　　　　　　　　林举达　洪杰斐　殷静雯　黄志文　梁启廉
　　　　　　　　　　　谢　彤　黎东明
昆明医科大学：许传志　李晓梅　张晓磐　陈　莹　常　巍
昆明医科大学第一附属医院：吕昭萍　李　红　李　武　李　娜
　　　　　　　　　　　　　李红缨　赵　虹　赵芝焕　段丽萍
　　　　　　　　　　　　　翁　敏　常履华
昆明医科大学第二附属医院：杨德林
同济大学医学院：赵旭东
云南省疾病预防控制中心：许　琳　陈留萍
深圳市第二人民医院：谢小华　黎列娥
深圳市松岗人民医院：何均辉　罗灵敏　晏洁影　雷平光
东莞市石龙博爱医院：范雪金　黄新萍　梁红生
东莞市大朗医院：叶应春　吴钧俊
参与研究生：

丁梦珂　于　磊　万丹丹　王国辉　王贯红　王超秀　田建军　冯　丽
许清安　孙凤琴　杨瑞雪　吴家园　张凤兰　张传猛　张海娇　张晴晴
陈留萍　陈铭扬　罗　娜　周甲东　周佳丽　冼君定　赵梦迪　柳　旭
宣　辉　高　丽　黄聿明　黄新萍　梁　维　梁　煜　蒋建明　黎列娥
薛红红

前　言

随着经济和社会的发展，疾病谱已经从以急性传染性疾病为主转向以非传染性慢性疾病（慢性病）为主。以心血管疾病、糖尿病、慢性阻塞性肺疾病、癌症等为代表的慢性病病程长，几乎不能被治愈。以往医学界偏重的发病率、病死率、治愈率，仅停留在从客观角度评估个体或群体健康状况的层面，忽略了人们的社会性及心理状况，很难全面评估慢性病的防治效果。近 30 年生命质量逐渐成为临床医学、预防医学、卫生管理学领域学者的研究热点，这大大改良了慢性病的评估效果。本课题组在多项国家自然科学基金和省部级课题的资助下，从 1997 年起开展了对癌症与慢性病患者生命质量的研究。

生命质量是高度综合的主观体验，复杂的心理活动必然与多脑区构成的功能连接紧密相关。患者生命质量下降与脑结构和功能的病理性改变有特异性关系，多个参与痛感受、情感、情绪和认知功能的重要脑区出现了皮质增厚或变薄的病理性改变。皮质增厚是脑区功能过分代偿的表现，而皮质变薄可能反映脑组织萎缩。尤其重要的是，皮质厚度改变的脑区的功能连接明显增强，说明这些脑区的交流出现了过分代偿或失去了可调节性。以上内容提醒人们必须从全新的角度去研究不同疾病患者生命质量的神经基础。

过去，针对生命质量的影响因素人们多关注社会人口学因素方面，对临床客观指标、生物学标志、基因多态性等方面研究较少，然而，这些生理因素都是影响生命质量的重要指标，却未得到足够重视。

值得庆幸的是，随着生命科学技术的进步，生命质量的遗传及神经生物学基础越来越受到专家的关注，这也是笔者撰写本专著的原因。随着遗传学、影像学技术在临床上得到应用，人们对生命质量的认识越来越深入，脑结构和功能病理性改变的危害性也越来越受到重视。生命质量研究已经从早期简单的量表测评发展到目前运用神经病理学、神经生物学、分子遗传学、神经影像学等多种手段进行研究，进入了针对病因、病理学特征、发病机制、临床表现、生物学标志进行全面研究的新阶段，并在上述领域取得了一系列重要的研究进展，极大地丰富了人们对生命质量的遗传及神经生物学基础的认识。

全书分为 15 章，其中第 1～5 章由万崇华撰写，第 6～15 章由全鹏撰写。很多课题参与者和研究生为本书的撰写付出了辛勤的劳动，尤其梁煜、薛红红、周佳丽、赵梦迪不仅参与课题研究，还参与部分书稿的编写工作。科学出版社领导与编辑对本书进行了精心策划和核对修改，确保了本书能如期完成。谨对他们无私的帮助和支持致以衷心的感谢!由于笔者知识和水平有限，不足之处在所难免，恳请广大读者不吝赐教、批评指正。

全　鹏　万崇华

2020 年 10 月于东莞松山湖

目　　录

第一章　生命质量研究概况

第一节　生命质量研究的历史及现状

一、生命质量研究简史

生命质量是英文 quality of life（QOL）的中文翻译，也有学者译为生存质量、生活质量、生命质素等。很难考证"生命质量"一词究竟是在何时被第一次提出的。一般认为，其是由经济学家 Galbraith 于 1958 年在其所著的《富裕社会》一书中第一次正式提出的，但相关方面实践和研究的出现要早得多，可以说人们一直在自觉和不自觉地追寻生命质量的提高和生活水平的改善，20 世纪 30 年代已经有专门的生命质量专著问世。在很大程度上，整个人类发展史就是人们不断适应自然、改造自然，同时也改善自我、完善自我，从而提高生命质量的历史。

生命质量成为一个专门的术语并引出一片广阔的研究领域可追溯于 20 世纪 20 年代。生命质量研究兴起于 20 世纪 50～60 年代，70 年代末期在医学领域备受瞩目，并在 80 年代形成新的热潮，目前仍呈方兴未艾之势。英国福利经济学家 Pigou 是首先使用"生命质量"这一术语的社会科学家。在 Morris 指导下，美国的海外发展委员会提出了一个直接冠名为"生命质量"的物质生活质量指数。物质生活质量指数虽然影响深远，但以其作为生命质量的起点却并不恰当。1979 年，Morris 所著《衡量世界穷国生活状况——物质生活质量指数》对物质生活质量指数做了详尽的描述。其后，随着世界卫生组织（World Health Organization，WHO）关于健康定义的扩展，西方国家社会不平等的愈加尖锐成了社会指标运动的发端，两者的历史契合推动了生命质量研究在全球范围内的开展。

回顾生命质量研究的历史，其大致可分为三个时期：20 世纪 20～50 年代的初创阶段，20 世纪 50～60 年代的兴起阶段，20 世纪 70 年代后的发展融合阶段。

1. 初创阶段　生命质量研究可追溯到 20 世纪 20 年代的美国。生命质量最先是作为一个社会学指标被人们使用，当时经济复苏后的美国社会并未因经济的巨大增长而实现人们梦寐以求的生活安康、社会和谐，反而出现了世风日下、犯罪增加、社会动荡的局面，因此，人们要求建立除单纯经济指标外的其他社会指标，以便更全面地反映社会发展水平和人民生活质量。在此背景下，人们开始了社会指标体系的研究。早在 1929 年，Ogburn 等就对生命质量的研究表示了极大兴趣。在 Ogburn 的领导下，胡佛研究中心在 1933 年撰写了《近期美国社会动向》专著，讨论和报告美国各个生活方面的动向。此后，这方面的研究日益增多，并逐渐发展成两大主流，即社会指标研究和生命质量研究。

2. 兴起阶段　20 世纪 50～60 年代是生命质量研究的成熟期。1957 年，Field 等对美国民众的精神健康和幸福感进行了全国抽样调查研究。1961 年，Bradburn 主持了全美的精神健康状况监测，发现良好适应状态（well-being）与两个独立状态（正向情感与负向情感，positive feeling and negative feeling）有关。进入 20 世纪 60 年代后，生命质量研究在政治领域被承认，因而在美国各地蓬勃发展起来，很多学者开始了对生命质量的研究并发表了相关的论著。例如，Cantril 进行了包括美国在内的 13 个国家关于生活满意度（life satisfaction）和良好感觉的比较研究，Campbell 等采用 Cantril 量表对美国生活总的满意度及 13 个具体方面的满意度进行了调查分析。

自 1966 年 Bauer 主编的《社会指标》论文集出版后，社会指标研究领域大致形成了客观指标和主观生活两大流派。客观指标派，主要用一些社会及环境的客观条件指标，如人口数量、出生率、死亡率、收入与消费水平、受教育程度、就业率、卫生设施和应用程度等来反映社会发展水平。主观生活派，强调个体对社会及环境的主观感受，如对生活各个方面（家庭、工作、闲暇等）的感受。基于此，生命质量的研究有三个主要方向：①生活感受在哪些方面比较重要（生命质量的结构）；②生活感受受哪些因素影响（生命质量的导因）；③生活感受对哪些意识行为有影响（生命质量的效果）。

3. 发展融合阶段 随着社会领域生命质量研究的鼎盛及医学本身的发展，20 世纪 70 年代末医学领域广泛开展了关于生命质量的研究工作，并逐渐形成一个研究热潮，至今已与社会领域的其他研究并驾齐驱，且相互融合。

实际上，医学界人士也一直在探讨生命质量测定问题。早在 20 世纪 40 年代末，Karnofsky 就提出了著名的远期生活质量评估（Karnofsky performance scale，KPS）量表。只是当时医学领域中传染性疾病尚较多，危害也较大，因而生命质量未引起足够重视。随着医学水平和人民生活水平的提高，威胁人类生存的主要疾病已经从传染性疾病过渡到癌症和心脑血管疾病等慢性病。对于慢性病和癌症来说，很难用治愈率来评价其治疗效果，生存率的评价作用也很有限，因此人们迫切需要综合的评价指标。

此外，随着医学模式向生物-心理-社会模式的转变，健康已不再是简单的没有疾病，而是身体上、精神上和社会活动的整体完好状态，因此传统仅关注生命保存与局部躯体功能改善的一些方法和评价指标体系面临严重挑战。这些方法和评价指标体系面临的问题包括：①未能表达健康的全部内涵；②未能体现具有生物、心理和社会属性的人的整体性和全面性；③未体现以人为本的治人而非治病理念；④未能反映现代人更看重活得好而不是活得长的积极心态。鉴于此，人们纷纷将对生物学客观指标的关注转为对生命质量的关注，日益重视对具有整体性、综合性和体现以人为本的指标的研究。广大的医学工作者进行了生命质量测定的探讨，并提出了与健康相关生命质量（health-related quality of life，HRQOL）的概念。生命质量研究在 20 世纪 70 年代主要处于引入和探索期，借用大量的一般人群评定量表来对患者的生命质量进行测评；20 世纪 80 年代后则转向对特定肿瘤与慢性病的测评，并研制出了大量面向疾病的特异性测评量表。目前已经有很多量表被应用于临床，如癌症相关系列的量表。人们不仅开发了慢性病相关的系列生命质量量表，还开发了一些其他疾病的量表，如过敏性食物中毒、慢性皮肤病、儿童相关疾病（注意缺陷多动障碍、儿童哮喘）等疾病的量表。

二、研究现状

无论社会学还是医学领域，目前的生命质量研究均已达到较高水平，其应用甚广，几乎涉及人类生活的各个方面，发表的论文数也日益增长。笔者查询 PubMed 数据库，标题中有 QOL（quality of life）一词的文章在 1966～1969 年仅有 3 篇，在 1970～1979 年有 185 篇（平均每年 18.5 篇），在 1980～1989 年有 919 篇（平均每年 91.9 篇），在 1990 年后每年有 200～900 篇，在 2000 年后每年有 1000 篇以上，在 2011 年后每年有 3000 篇以上（表 1-1）。国内生命质量研究也日益增多：笔者查询中国知网（CNKI），标题中有生命质量/生存质量/生活质量的文章在 1990 年前仅有 57 篇，在 1990～1999 年有 1078 篇，平均每年 107.8 篇，在 2000 年后每年都有 300 篇以上，2009 年后每年都有 2000 篇以上，而且有逐年增加的趋势。

表 1-1　1966～2017 年国内外有关生命质量研究的文献分布

年份	PubMed 标题中有 QOL		CNKI 标题中有生命质量/生存质量/生活质量	
	文献篇数	（n%）	文献篇数	（n%）
1966～1969	3	（0.005）	0	（0.000）
1970～1979	185	（0.335）	2	（0.005）
1980～1989	919	（1.664）	55	（0.129）
1990～1999	5849	（10.589）	1078	（2.519）
2000	1148	（2.078）	394	（0.921）
2001	1253	（2.268）	491	（1.147）
2002	1321	（2.392）	627	（1.465）
2003	1632	（2.955）	743	（1.736）
2004	1870	（3.385）	984	（2.300）
2005	2082	（3.769）	1315	（3.073）
2006	2068	（3.744）	1710	（3.996）
2007	2370	（4.291）	1743	（4.073）
2008	2463	（4.459）	1812	（4.235）
2009	2616	（4.736）	2079	（4.858）
2010	2695	（4.879）	2315	（5.410）
2011	3074	（5.565）	2661	（6.219）
2012	3328	（6.025）	2918	（6.819）
2013	3761	（6.809）	3303	（7.719）
2014	3912	（7.082）	3981	（9.303）
2015	4057	（7.345）	4567	（10.673）
2016	4161	（7.533）	4593	（10.734）
2017	4469	（8.091）	5420	（12.666）
合计	55 236	（100）	42 791	（100）

注：括号中的数字为各项文献数占所查总文献数的百分比。

1994 年，经过 2 年多的酝酿和筹备，国际生存质量研究会（International Society for Quality of Life Research，ISOQOL）正式成立，每年召开一次国际学术会议对有关问题进行探讨，并发行了相应的《生存质量研究通讯》（*Quality of Life Newsletter*），1992 年出版了专业杂志《生存质量研究》（*Quality of Life Research*），2003 年又创立了专业杂志《健康与生存质量结局》（*Health and Quality of Life Outcomes*）。

1985 年美国食品药品监督管理局（Food and Drug Administration，FDA）已经明确规定将生命质量作为抗癌新药评价的必需项目之一。由 20 多个国家和地区参加的欧洲癌症治疗研究组织（European Organization for Research and Treatment of Cancer，EORTC）也要求癌症疗效评价中必须包括生命质量，并创立了生命质量研究组。毫无疑问，生命质量的提高是医药卫生工作的主要目标，也是社会与政府工作的目标。

我国医学界对生命质量领域的涉足始于 20 世纪 80 年代中期，开始主要是通过一些翻译的量表对某些病种（如乳腺癌、肺癌等）进行测评，随后也开展了一些量表的研制与推广应用。早在 20 世纪 90 年代，罗健、孙燕等专门针对癌症患者开发了中国癌症患者化学生物治疗生活质量量表（quality of life questionnaire for Chinese cancer patients with chemobiotherapy，

QLQ-CCC），万崇华等开始系统地研制癌症患者生命质量测定量表体系（quality of life instruments for cancer patients，QLICP）。我国医学领域关于生命质量的研究专著《生命质量的测定与评价方法》[1]和《生存质量测定方法及应用》[2]也相继问世。进入 21 世纪后，生命质量的相关研究与应用日益增多，刘凤斌等开展了中医领域的生命质量量表开发工作，万崇华等系统地开发了慢性病患者生命质量测定量表体系（quality of life instruments for chronic diseases，QLICD），同时也有一些专著出版，如《医学生存质量评估》[3]《癌症患者生命质量测定与应用》[4]《生命质量测定在肿瘤临床中的应用》[5]《生命质量（QOL）测量与评价》[6]《慢性病患者生命质量测定与应用》[7]《生命质量研究导论：测定·评价·提升》[8]。

2000 年，在广州举行了第一届全国生存质量研讨会。2002 年在深圳，2004 年、2008 年、2012 年在广州举行了全国生存质量研讨会。2008 年的全国生存质量研讨会上同时成立了国际生活质量研究学会亚洲华人分会（International Society for quality of life Research-Asian Chinese Chapter，ISOQOL-ACC）并举行了第一届会议，同时确定每两年举行一次 ISOQOL-ACC 及全国会议。2010 年 12 月在香港举行了 ISOQOL-ACC 第二届会议。2014 年 8 月在广州成立了世界华人生存质量研究学会（World Association for Chinese Quality of Life，WACQOL）并举办了第一届世界华人生存质量研究学会暨第六届全国生存质量学术交流会。2016 年 5 月在广东东莞成功举办了第二届世界华人生存质量研究学会暨第七届全国生存质量学术交流会。2018 年 4 月在北京成功举办了第三届世界华人生存质量研究学会暨第八届全国生存质量学术交流会。学会组织的成立及相关学术研讨会的举办指导了生命质量的推广应用，极大地推动了我国生命质量研究的进展。

目前，国内涉及生命质量研究的网站主要有世界华人生存质量研究学会、广东医科大学生命质量与应用心理研究中心等。

第二节　生命质量的概念与构成

一、生命质量的概念

生命质量由于其抽象性、复杂性而难以被界定，缺乏一个具有普适性的概念。健康状况、主观幸福感、快乐、生活满意度、自我实现、美好生活等术语频繁出现在各类生命质量的定义当中。一方面这些术语成为解释生命质量的关键词，另一方面这些本不相同的术语成为生命质量的代名词，导致生命质量成为社会科学领域不确定概念中的一种。

生命质量的概念十分宽泛，以一种复杂的方式将个体的生理健康、心理状态、独立水平、社会关系、个体信仰和他们与环境具有的显著特征关系融入其中，其成功之处在于适应了现代的生物-心理-社会医学模式，将文化、社会环境、价值体系等背景因素考虑在内。截至目前，这一概念是学术界较为认可的一个定义。

在广义上，生命质量包括国民收入、健康、教育、营养、环境、社会服务与社会秩序等方面的人类生存的自然、社会条件的优劣状态。社会指标运动的倡导者普遍认为，经济现象只是社会发展的一维，社会发展应是经济、社会、科技和人的全面、综合、协调的发展过程。自 20 世纪 60 年代开始，经济发达国家开始高度重视生命质量指标体系的研究与应用，生命质量研究得以蓬勃发展，当时国际学术界对生命质量的研究在一定程度上主要侧重于主观方面，研究中也主要关注个体幸福。

　　生命质量是由个体或群体感知的躯体、心理和社会适应各方面的良好状态。广义的生命质量涉及所有影响生命质量的因素，包括国民生产总值、人均收入、居住条件等。以往医学界所偏重的发病率、病死率、治愈率、期望寿命等参数，仅从客观、物质角度去评估个体或群体的健康状况，忽略了社会性、心理状况等方面，很难全面和准确地评估慢性病的防治效果。而现代的生物-心理-社会医学模式下对患者的健康观念及保健观念评估已经实现了从客观到主观，再由物质到精神的多方面的转变，主张以多维角度来评估个体及群体的健康状况，强调要重视人的社会性及心理状况。自 20 世纪 70 年代开始，专家学者开始广泛开展生命质量的研究，随后新的研究热潮逐渐形成，并在临床医学、预防医学、卫生管理学等领域得到广泛应用。随着生命质量理论研究的不断完善、不断深入，侧重于医学实际的健康相关生命质量（health related quality of life，HRQOL）概念被提出。这一概念是一套全面衡量人类健康的指标体系，是全面评估个体生理、心理、社会功能和物质生活状态的综合指标。在各种疾病中，慢性病和癌症缺少良好的客观过程指标，而健康相关生命质量测定资料更会有效地补充传统临床测量指标的不足，提供如疾病严重程度和处理效果的评价指标等较为有价值的信息，故患者生命质量的评价研究至关重要。

　　医学领域中各学者对生命质量的认识并未完全统一，但以下几点是比较公认的：①生命质量是一个多维的概念，包括身体功能、心理功能、社会功能及与疾病或治疗有关的症状；②生命质量是主观的评价指标（主观体验），应由被测者自己评价；③生命质量有文化依赖性，必须建立在一定的文化价值体系下。

　　为了能够形成一个综合性强且能被普遍接受的概念，人们做出了许多尝试。在多样化的生命质量定义中，世界卫生组织的生命质量概念界定较具代表性：生命质量是不同文化和价值体系中的个体对与他们的目标、期望、标准及所关心的事情有关的生存状况的体验。

　　从主体意识上看生命质量测定存在着认知和情感两个层次之争。在过去的研究中，很多人用对生活的满意度来衡量生命质量，另一些人则用个体的幸福感来衡量，两者分别是在态度的认识层次和情感层次上对生命质量进行探讨。究竟哪一个好，迄今仍无定论。一般认为，对生活的满意度反映了比较稳定和长久的态度意愿，而个人的幸福感却仅反映一时的情绪。为此，Schuessler 等认为用对生活的满意度来评价生命质量是比较合适的。笔者也持此看法，认为生命质量是一种主观评价和认识，这种评价显然与评价主体的生活经历、文化背景和价值体系等有关。实际上，上述生命质量概念也多采用满意度、满足感等进行表述。

　　显然，世界卫生组织的生命质量概念及测量方法较好地体现了这种认识，既说明生命质量是对生活各方面的主观体验，又将其界定于一定的文化背景和价值体系下，但如果完全按 WHO 的生命质量概念来定义，则很难使其在医学领域得到应用，尤其是很难在临床中得到应用，因为其内涵过于宽泛，虽然全面，但缺乏临床应用的敏感性和可操作性。

　　生命质量概念的内涵与外延的宽泛性导致了生命质量分析层次的多维性。生命质量概念的现代形式是作为个体的一种特点、国家繁荣的一个指标而存在的，分为个体层面的生命质量和群体层面的生命质量。就个体层面的生命质量而言，世界卫生组织的概念较具代表性，强调生命质量的主观性，将其视为一个多维度的概念，将文化、社会环境、价值体系等背景因素考虑到生命质量的概念建构中，使得人们关注到生命质量对于不同个体具有不同的内涵，不能简单地同健康状况、生活满意度、精神状况和幸福感相等同。随着发展理念的不断变革，人们开始从人本化的视角研究生命质量，把生命质量视为由个体、家庭、社区和社会福利、价值信仰、感知因素、环境状况等多因素共同作用的结果。群体层面的生命质量在 20 世纪前半叶，主要以物质水平的高低来衡量，通过国民生产总值（gross national product，GNP）相关的测量来获得，之后改成通过人均国内生产总值（gross domestic product，GDP）相关的测量来获取。自

20 世纪 60 年代开始，人们提倡以多元化的指标来研究生命质量，体现在所谓的"社会指标"运动中。社会公正、社会平等、社会自由、社会保障、社会整合等宏观价值理念开始成为群体层面生命质量研究的核心思想。

综上所述，尽管生命质量的概念仍未完全统一，但从内涵看，其经历了由客观社会经济指标到主观体验指标的转变，这不但反映了社会物质条件的发展（从生理需求过渡到精神需求），而且体现了人本主义精神。将生命质量界定为主观体验，既考虑到了一定的文化价值体系，又弘扬了个性。

二、生命质量的构成

对生命质量的不同理解及认知，导致了人们对生命质量构成的认识不同，大体上可分为以下三种情况。

1. 早期研究中，生命质量多局限于所谓的硬指标范畴，如生存时间、人均收入、身体结构、受教育程度、工作时间等客观指标。

在这方面比较典型的是：①物质生活质量指数（physical quality of life index，PQLI），这是由美国海外发展委员会提出，由 15 岁以上人口识字率、婴儿死亡率和预期寿命 3 个客观指标综合构成；②人类发展指数（human development index，HDI），由联合国开发计划署在《1990年人类发展报告》中首次提出，由 3 个客观指标（收入、受教育程度、期望寿命）的简单算术平均数构成，其中收入由人均国民生产总值的平价购买力来测算，教育通过成人识字率（1/3权重）和小学、中学、大学综合入学率（2/3 权重）的加权平均数来衡量；③美国社会健康协会指数，由美国社会卫生组织提出，由 6 个客观指标构成，即就业率、成人识字率、期望寿命、人均国民生产总值增长率、人口出生率、婴儿死亡率。

2. 从 20 世纪 60 年代开始，生命质量的社会性在政治领域被接受，此时人们追求的是个体主观的幸福而不仅是生存时间。生命质量的评价必须获得评价对象主观上的感觉相关的指标而不仅是用数量描述的收入或财产。生命质量构成以主观感觉指标为主，兼顾一些客观指标。

McSweeney 等认为生命质量的构成包括：①情绪功能，如精神症状的变化；②社会角色功能；③基本行为功能，如自我保健行为；④娱乐和享受。

Najman 等强调生命质量的改变应包括客观可察及的改变及个体主观感觉的改变。

3. 20 世纪 80 年代中期后，生命质量的界定及测量更加精确和规范化，越来越趋向于仅测量主观感觉指标，尤其以美国为代表的国家更是如此，虽然也可涉及一些客观指标（如住房状况），但侧重于个体对住房状况的满意程度，而不是住房本身有多大或装修多豪华等。

Ware 认为对癌症患者的生命质量研究应测量癌症本身及治疗所造成的生活方面的改变，至少应包括身体、心理和社会 3 个方面的改变。

Bloom 认为生命质量测定应包括 4 个方面：①身体状态；②心理状态；③精神健康；④社会良好状态。

Aronson 提出了构成生命质量的 6 个方面：①疾病症状和治疗毒副作用；②机能状态；③对不幸的心理承受能力；④社交活动；⑤性行为和体型；⑥对医疗的满意程度。

WHO 的生命质量测定包括 6 个领域（domain）（图 1-1）：①身体机能；②心理状况；③独立能力；④社会关系；⑤生活环境；⑥宗教信仰与精神寄托。每个领域下包含一些小方面，也称侧面（facet），共 24 个小方面。

图 1-1　WHO 生命质量测定包括的 6 个领域

总的说来，目前争议较大的是生命质量测定是否应包括客观指标的问题，这源于对生命质量概念的认识不同。尤其在生命质量层次，不少学者认为生命质量应该包括反映物质生活条件的客观指标，因为个体的生存条件，如收入、住房、生态环境等无不与每日的生活息息相关，无不影响着个体的健康与疾病的发生发展。

作为一个非常复杂、多维度、抽象化的概念，生命质量具有多重属性。虽然人们对生命质量的具体内容构成未达成一致意见，但至少就其多维度的特性达成了共识。许多学者分析了生命质量的不同维度组成，除了多维度的特性，生命质量同时兼具客观性和主观性，客观性是对生命质量各组成领域的客观测量，而主观性是对各领域满意度的测量，并由满意度对个体的重要性加权而得。另外，有些专家还从个体和群体的视角对生命质量进行了探索。生命质量作为一个群体或社会层面的概念，独立于个体评价，大体上有两种研究模式，即侧重客观指标的美国模式和注重主观指标的斯堪的纳维亚模式。

针对不同健康和疾病条件，人生不同年龄段，不同个体、家庭和社区，有许多健康相关的生命质量模型被应用。最常用的健康相关生命质量模型是 Wilson 和 Cleary 模型、Ferrans 等对 Wilson 和 Cleary 模型进行修正后的模型及世界卫生组织的模型[9]。这三个模型久经考验、表现良好，因此除非有迫不得已的明晰的理由不会再创造未知的新模型。在这三个模型中，尽管世界卫生组织的国际功能、残疾和健康分类模型一直被视为健康相关生命质量的典范，但是在健康相关生命质量领域，它更多的职能是一种映射和分类框架，而不能实际指导研究。Wilson 和 Cleary 模型是使用最多的模型，而 Ferrans 模型在指导未来的研究和实践方面具有最大的潜力。

（一）Wilson 和 Cleary 模型

侧重于表现健康相关生命质量的基本概念间的因果关系，该模型界定了 5 个因素，分别为生理生物学因素、症状、功能状态、总体健康感知和总体生命质量。此模型假设这 5 个因素存在于生理的、社会的和心理的复杂的连续体中，轮流受到个体个性和环境的影响。

1. 生理生物学因素（biological and physiological variables）　指的是细胞、器官、组织、系统功能的改变，这些因素可以通过客观检测得到。例如，实验室评价指标、生理检验功能测量指标等。

2. 症状（symptom）　指个体处于不正常状态时生理和心理的改变。生理生物学因素和症状的改变的关系还未明确。因为除生理生物学因素外，其他因素也会影响个体的症状。

3. 功能状态（functional status）　为特殊活动的表现能力。除症状因素外，个体因素、社会因素和环境因素都会影响功能状态。功能主要包括生理功能、社会功能、角色功能和心理功能，也有人认为精神是一个特殊功能。生理功能包括强壮、睡眠、休息和胃口等内容。社会功能集中表现在与朋友、家庭及邻里间的关系方面。角色功能指的是如学生、家长、工作者角色的作用。心理或精神功能指的是快乐、意愿、公平和自我充足。

4. 总体健康感知（general health perception） 即将以上内容整合后的主观表达。这被认为是健康行为和结果的重要预测器，能起到较好的预示作用。

5. 总体生命质量（overall quality of life） 指个体主观上对于生活的快乐和满意程度，被认为是一个稳定的经验和感受的综合体，同时也是生命质量的总测量。

个体与环境特征（individual and environment characteristic）对此模型的 5 个因素都有一定影响，尤其是对总体健康感知和总体生命质量两因素影响较大。研究表明，年龄对生理健康有正向作用，社会孤立、生活不利事件、失业、对生活状况的不满意和低收入等都对健康有负向作用。

关于 Wilson 和 Cleary 模型有 3 点需注意：首先，尽管模型是由生理生物学因素开始的，但是随后的内容却不只限于生理方面的因素。专家认为健康相关生命质量不仅取决于疾病对生理的影响，也取决于疾病对生活其他方面的影响。其次，该模型的许多内容都要求患者提供资料，只有在患者自身直接经历的情况下，才能测量健康相关生命质量，这对疾病管理中的决策起到重要作用。最后，要区分模型中的不同内容变量，在文献中，这些内容通常混合在一起，然而依据不同内容得出的对治疗效果的评价也会不同。

（二）Ferrans 模型

Ferrans 等对 Wilson 和 Cleary 模型进行了修正。模型的修正基于 Mcleroy 等提出的健康生态模型，目的是进一步解释在健康相关生命质量方面个体和环境特点对健康结果的多层影响。Mcleroy 等的健康生态模型可以显示出以下 5 个层面的影响：①内在因素，个体特点；②人际因素，正式或非正式的社会支持模型；③制度因素，如学校或医疗机构等组织的制度；④社区因素，特定区域内各机构或非正式社会网络的关系；⑤公共政策因素，当地的、各州的、国家的法律和政策。对于修正模型而言，除个体层面的因素外，其余的都视为环境的影响。因此，在以上 5 个层面的影响中，除表示个体特点的内在因素，其余 4 个因素都表示环境特点。

在修正模型中，影响健康结果的个体特点分为人口统计学特征、发展的心理和生物因素。对比 Wilson 和 Cleary 模型，修正模型在个体特点到生理生物因素处补充了一个箭头。流行病学通过识别增加或减少健康问题的各种可能性显示出了个体特点和生理生物学因素的关系。生物因素包括体重指数、肤色、家族史等在遗传学上与疾病和疾病风险相关联的因素。与发病率相联系的人口统计学特征是性别、年龄、婚姻状况、种族。尽管以上特征相对不会发生改变，但是它们在为特定群体确定干预方面非常有用。生物因素和人口统计学特征可以帮助医疗保健人员筛选健康问题（如糖尿病），或为定位降低疾病风险的行为提供指导。发展现状在解释健康行为及对生理功能的作用效果方面非常有用。尽管发展现状不是一个静态变量，但它不易通过干预而发生改变。心理因素是动态的、可改变的，对干预是产生响应的。Cox 等认为认知评价、情感反应和动机是动态的内在因素。

修正模型中的环境因素分为社会环境和物理环境。社会环境因素的特点是影响健康结果的人际和社会关系，包括家庭、朋友及医疗保健人员的影响。物理环境是包括家庭、邻里和工作单位等对健康结果产生积极或消极影响的场合。修正模型中 5 个框架中间部分的因素是对患者健康相关生命质量不同类型的测量。具体测量内容：生物学和生理变量（biological and physiological variable）是一个支撑生命的动态过程，此变量检测的是细胞、组织、器官、系统功能的改变，此功能的改变会直接或间接影响到健康相关生命质量的所有成分，即包括症状、功能状态、总体健康感知、总体生命质量 4 个方面在内，故优化生物学和生理因素的测量是整体保健不可分割的一部分。

第三节　生命质量的测量与评价

一、生命质量的测量方法

根据测量目的和内容的不同，生命质量可有不同的测量方法，常见的有访谈法、观察法、主观报告法、症状定式检查法、标准化量表测量法，这些测量方法在生命质量研究的发展过程中测量的层次和侧重点不同，适用条件也不相同。目前，标准化量表测量法是主流。这里择主要方法进行介绍。

1. 主观报告法　是由受试者根据自己当前的健康状况和对生命质量的主观感受或理解，自己报告一个对其生命质量的评价，一般是分数或等级数。它是一种简单、一维的全局评价法。该法的优点是容易对个体不同阶段的生命质量进行对比分析，缺点是得到的生命质量的可靠性和综合性差，故一般不用或不单独使用此方法，而是将此法作为其他方法的补充。

2. 症状定式检查法　用于测量生命质量中的疾病症状和治疗的毒副作用。研究者把各种可能的疾病症状和治疗的毒副作用列成表格，由评价者或患者逐一选择其选项。选项可根据程度分为不同项。

很多疾病症状和治疗的毒副作用采用此法进行评价，如著名的鹿特丹症状定式检查（Rotterdam symptom checklist，RSCL）[10]。

3. 标准化量表测量法　是目前测定生命质量最普遍的方法，即施测者采用具有较高信度、效度和反应度的正式标准化测量量表（rating scale）对被测者的生命质量进行综合评价。该方法根据评价主体的不同可分为自评法和他评法两种。

该法的优点是客观性强、可比性好、程式标准化且易于操作。缺点是制订一份较好的、具有文化特色的测量量表较复杂。

二、生命质量的评价

生命质量的评价是指对具有一定生命数量的人在一定时点上的生命质量的评判和得分解释。对生命质量进行评价，就需要对生命质量资料进行分析处理，这建立在对生命质量资料具有一定了解的基础上。生命质量资料是不可直接观察的主观资料，对生命质量的分析不同于对一般客观指标的分析，开始时需进行很多的过渡性预处理，如量化记分、逆向指标的正向化等。生命质量包括多个领域，每个领域又分为多个维度和条目，因此生命质量资料是一种多指标多终点的资料。

量表的计分方法包括 4 个层次，分别是条目、领域、亚领域或侧面、整个量表的计分方法，且分为原始分（raw score）和转化分（prorated score，transformed score），因而其相应分析也有层次之别。用于测量生命质量的量表条目一般都较多，若分别对条目进行分析会增加处理难度，因此通常的做法是进行降维处理，把多个变量综合为几个主要指标，即侧面、领域，甚至是总量表得分，常用的综合方法是直接累加法和加权累加法，但加权累加法争议很多（尤其是权重的确定），故而以直接累加法为好。在使用直接累加法对得分进行分析时，各侧面、各领域的条目数量实际上起到了一定权重的作用。

为了便于解释，一般要计算成 0～100 取值的标准化得分，这样得分的高低就有了一个相对的标准。当然，如果涉及比较，还需要有参照体系（类似常模），如大样本人群的得分均值。

而若涉及得分变化的临床意义，则还要有最小临床重要性差异。

生命质量资料具有时间依赖性，其分析评价方法可概括为三大类：横向分析、纵向分析、生命质量与客观指标的结合分析。横向分析常用的统计方法有单变量比较分析法、多变量比较分析法、关联及影响因素分析法（多重逐步回归分析、逐步判别分析、主成分回归分析、典型相关分析）等。纵向分析常用的方法是重复测量资料的方差分析、广义估计方程等。

第四节　生命质量测定的应用

生命质量测定目前已被广泛应用于各领域，成为不可或缺的重要指标和评定工具。Cox 提出了在医学领域生命质量测定的 4 个应用：①人群健康状况的测评；②资源利用的效益评价；③临床疗法及干预措施的比较；④治疗方法的选择与决策。

根据目的的不同，我们将生命质量测定的应用概括为六个方面，分述如下。

一、评定人群健康状况并探讨健康影响因素

当测评的目的在于了解具有不同特征（性别、文化程度、经济状况、疾病）人群的综合健康状况，甚至将生命质量作为一种综合的社会经济和医疗卫生指标，以便比较不同国家、地区、民族人民的生命质量和发展水平时，常采用普适性的生命质量测定量表并进行横断面的调查。例如，美国的几个院校曾进行一次全国抽样调查，主要研究美国民众的精神健康和幸福感。Campbell 等采用 Cantril 量表对美国人生活总的满意度及 13 个具体方面的满意度进行了调查分析。Golub 等采用 Maslach 倦怠量表对美国耳鼻喉科、头颈外科住院医生进行调查并提出修正意见，以期最大限度地减少倦怠。Kidd SA 等对加拿大土著无家可归的青年人进行了全国抽样调查，主要调查无家可归的土著青年人心理健康和生命质量数据并与非土著青年进行对比。Kim 等采用 Euroqol 五维问卷（EQ-5D）量表对韩国慢性病患者健康相关生命质量及影响因素进行调查分析。在国内，林南等研究了天津市市民的生命质量，叶旭军采用诺丁汉健康量表（Nottingham health profile，NHP）等对杭州市农民工的健康状况及影响因素进行了研究，苏冬梅采用健康状况调查问卷简表-36（SF-36）、职业紧张量表对郑州市大企业工人的职业紧张度及其对生命质量的影响进行分析。

有时，生命质量的测量仅限于某些特殊人群，以了解该特定群体的健康状况及影响因素。例如，老年人问题是一个特殊问题，Katz 等对老年人的功能状况进行了评定并引用积极健康寿命（active life expectancy，ALE）这一概念来反映考虑生命质量后的期望寿命；Hasegawa 等根据日本的住宅结构和生活方式制订并评估了日本版的 Westmead 量表以评估老年人跌倒风险并对此提出了宝贵意见；Siriwardhana 等在日常生活活动量表的基础上增加了心理测量模块并将其应用于老年人，表现出了极佳的可靠性和结构有效性。针对慢性病问题，万崇华等评价了 SF-36 与慢性病患者生命质量测定量表体系共性模块（QLICD-GM）的量表效果，说明两个量表均能用于慢性病患者生命质量的测量，但后者更有针对性和敏感性。陈留萍等利用肺结核患者生命质量测定量表 QLICD-PT 初步分析出影响生命质量的因素主要是文化程度和职业，此外家庭关怀指数、社会支持评分与肺结核患者生命质量得分呈正相关。Hermann 等使用 SF-36 比较了癫痫、糖尿病和多发性硬化患者的生命质量，发现多发性硬化患者在生理功能、生理角色、活力和社会功能方面得分都较其余两种疾病患者低，糖尿病患者的情感角色、心理健康得分较其余两种疾病患者高，癫痫患者在总体健康方面的得分较高。此外，Longabaugh 等对酒精滥用

者的生命质量进行了研究，万崇华等对吸毒者的生命质量及影响因素进行了分析。许传志等用WHOQOL-100 量表对云南少数民族生命质量的影响因素进行了分析，其中影响纳西族居民生命质量的因素较多，患关节炎、酗酒行为、经常熬夜、残疾、高龄等 5 个因素会降低生命质量。Kilian 等用 WHOQOL-BREF 测量并比较了一般人群及住院的 7 类患者的生命质量，发现躯体疾病对生理健康、心理健康和总体生命质量领域有较大的负面影响，而对社会关系没有影响，对环境领域的影响仅在关节炎和多发性硬化等少数疾病中显现。

生命质量已成为一个关系健康与生活水平的综合指标，而且已经或正在成为医学乃至社会发展的目标，因此对生命质量影响因素进行探讨有利于找出疾病防治重点，从而促进人类整体健康水平的提高。

二、治疗方案和药物的评价与选择

肿瘤与慢性病患者的生命质量测定是目前医学领域生命质量研究的主流，测量的目的除反映其综合健康状况外，更重要的是用于对治疗方案和药物的评价与选择，即通过对这些疾病患者在不同疗法或措施下的生命质量进行测量与评价，为其治疗方案与康复措施的选择提供新的结局指标。我们常采用特异性量表，一般采用随机对照设计并进行纵向测量（至少治疗前后各测量一次）。例如，许多学者对乳腺癌治疗方案用生命质量进行评定，使其治疗从全切除转向部分切除。Gelber 等用生命质量与生存时间结合的方法综合分析乳腺癌患者手术后是否应进行辅助治疗及选何种治疗方式。Springgate 等采用心理健康相关生命质量（MHRQL）问卷评估社区参与规划与服务资源对多种慢性病患者的抑郁症生命质量的影响，提出社区参与规划与服务资源降低了慢性病患者的抑郁和心理健康相关生命质量不良的可能性[11]。石翔翔等通过随机对照试验分析了三维适形放射治疗（3DCRT）与调强放疗（IMRT）鼻咽癌术后 3 个月、1 年的生命质量测定量表（QLQ-C30）得分，发现 3DCRT 组总体生命质量评分、社会功能评分、家庭经济评分显著高于 IMRT 组。

有关这方面的应用还有很多，Sugarbaker 等的研究或许可以作为一个典型范例。在临床上，肢体肉瘤的治疗方法通常有两种：一是截肢，二是保留疗法并辅以大剂量的放射治疗。传统观点认为能不截肢则尽量不截，而 Sugarbaker 等对两种疗法患者的生命质量进行评价发现总的生命质量差异无统计学意义，但截肢组患者在情绪行为、自我照顾、性行为等方面优于保留疗法组患者，据此得出结论：从生命质量角度来看，保留疗法并不优于截肢，但从减少复发的愿望出发，应考虑截肢。

除了评价和选择治疗方案外，生命质量测定也可用于药物的疗效和副作用分析，可用于帮助抗癌/慢性病药物的筛选工作。例如，青岛大学附属医院采用回顾性研究分析了中国 3 大数据库 2004～2016 年发表的随机对照试验临床数据（3117 例），得出香菇多糖联合化疗治疗肺癌相较于单独化疗不仅能有效改善患者的生命质量，而且有助于提高肺癌患者治疗期间化疗的疗效。

三、临床预后及影响因素分析

预后（prognosis）指某种疾病的可能结局或后果及其发生的可能性大小，是临床医生和患者都非常关心的问题。传统的预后分析常采用疾病存活、复发、死亡等终点指标，没有用综合定量指标来反映患者的症状、副作用、心理功能和社会适应性。随着医学的进展，人们对肿瘤本质有了新的认识，活得好、活得长的"带瘤生存""人瘤共存"成为新的医学目标，对生物治疗、中医治疗等着重整体功能改善的疗法，难以用传统疗效标准进行评价。因此，生命质量这一具有整体性、综合性特征和体现以人为本理念的指标可作为预后指标被纳入随访研究，并探讨相应的影响因素。例如，Zare-Bandamiri 等用 Cox 模型分析了 239 例结直肠癌复发患者的危险因素，得出年龄较大患者癌症复发的风险高于年轻患者，肿瘤大小及解剖淋巴结数量与复发无关，增强的医疗服务（症状、功能状态、总体健康感知和总体生命质量）能有效提高患者的生活和生存质量。Cole 等用参数模型分析了乳腺癌患者手术后对生命质量与生存时间产生影响的预后因素，发现预后与术后的辅助疗法、肿瘤大小、年龄等有关。

生命质量本身也可以作为预后的影响因素（预测因子）。例如，Coates 等的研究显示晚期癌症患者的生命质量是其生存时间的重要预后因素，QLQ-C30 量表中总生命质量条目（Q30）得分高的患者死亡风险是得分低的患者的 87%（95%可信区间为 0.80～0.94）。

四、预防性干预及保健措施的效果评价

预防性干预及保健措施是面向社区一般人群的，随着预防医学和初级卫生保健的发展，对其效果的评价日益受到重视。其效果综合评价可借生命质量这一高度概括的指标来进行，这与第一方面的应用非常相似，但生命质量在第一方面的应用是作为状况指标，因此只需一次横断面测量即可，且调查的例数宜稍多，而此处则必须进行干预前后的生命质量对比才能进行评价，因此需进行至少两次的纵向测量。但两者也不是截然分开的。实际上，如果必要的话，可通过事先周密的设计同时达到这些目的。例如，Brovold 等比较了出院的老年慢性病患者进行高强度有氧锻炼（HIA）和家庭锻炼（HB）对生命质量的影响，发现经过 3 个月的锻炼之后，两组患者的生命质量及身体活动性均有改善，而体能测试中，HIA 组的改善大于 HB 组，认为体育锻炼能提高老年人的生命质量及体能，应将体育锻炼纳入治疗患者功能下降的措施当中。Smith 等评价了 136 例 50 岁以上的慢性病患者参与慢性病自我管理项目（CDSMP）后生命质量的变化情况[12]，发现到 6 个月时患者的生命质量改善仍然持续，只是在不同种族间有差异。黄伟平等探讨了心理干预对接受肝癌介入治疗患者生命质量的影响。张萍研究发现综合护理干预可明显改善矽肺病患者生命质量。罗雪婷等研究发现耐力训练能显著提高大学生生命质量评分，且耐力训练对女大学生生命质量的干预效果大于对男大学生的干预效果。

五、卫生资源配置与利用的决策

卫生资源配置与利用决策分析的主要任务是选择投资重点、合理分配与利用卫生资源并产生最大的收益，这在卫生经济学中有着重要的地位，通常用成本-效益或成本-效果分析来实现，其综合的效益指标常用预期寿命来衡量。随着生命质量研究的不断深入和广泛开展，人们越来越倾向于用质量调整生存年这一指标来综合反映投资的效益，因为质量调整生存年综合考虑了生存时间与生命质量，改进了以往将健康人生存时间和患者生存时间同等看待的不足。相同成本产生最大的质量调整生存年或同一质量调整生存年对应的最小成本就是医疗卫生决策的原则。据此，Drummond 将质量调整生存年用于资源分配中，Mosteller 将质量调整生存年用于卫生立法和卫生政策的制订。

苏忠的调查显示不良饮食习惯、文化程度较低、农村卫生资源配置不合理是导致黎族老年人生命质量较低的关键因素。仇洪星对江苏省老年人群的生命质量及卫生服务利用状况进行了研究，提出老年人对门诊卫生服务利用存在较大的潜在需求，完善基本医疗卫生制度、加大老年人卫生投入、提高基层卫生服务能力等能有效提高老年人群的生命质量。孙晓伟将生命质量指标评估纳入农村慢性病整合服务管理模型及策略研究中。孙千惠通过实证对东北某城市老龄

人口的生命质量和相关因素进行研究，并提出了改良老年人卫生服务体系的政策建议。

六、促进医患沟通和提高个体化治疗水平

生命质量是多维度、多条目的，可以在不同的层面（条目、侧面、领域、总量表）对其进行分析，从而得到更多的患者信息，这有利于促进医患沟通和提高个体化治疗水平。例如，有的癌症患者心理承受能力很差，治疗中就要加强心理辅导、同伴教育等，增强其治疗信心和效果；有的患者疾病"标签"作用明显，难以适应社会，治疗中就要对其加强社会适应方面的训练。Pazo 采用视力问卷及客观指标评价瞳孔大小对植入多焦点人工晶状体的视觉质量的影响[13]，发现较小瞳孔的患者视力问卷得分较低，这一结果为筛选适合进行多焦点人工晶状体植入的患者提供了依据。

第五节 生命质量研究的发展趋势

生命质量研究日益增多，因而其发展的趋势和走向也颇令人关注。笔者认为将出现以下发展趋势：

1. 生命质量的内涵将逐渐趋于全主观的感受和体验。但客观的物质指标可作为生命质量的外部影响因素或伴随变量。这样，主观的生命质量与客观的物质指标相辅相成、相得益彰。

2. 随着患者报告结局（patient reported outcome，PRO）研究的逐渐兴起，医学领域的生命质量研究将与 PRO 研究长期"难舍难分"。

3. 生命质量的研究将向纵深发展，随着纵向分析方法的探索，必将出现大量的纵向研究，从而真正体现生命质量测定的精髓。尤其是生命质量与生存时间的结合研究，不仅是一个技术问题，而且是体现"量"与"质"辩证思考的哲学问题，或可成为生命质量研究的一个重要发展方向。

4. 随着生命质量研究的深入及国际交流的广泛化，跨文化（cross-culture）的生命质量研究备受关注。中国的生命质量研究将促进中西医的进一步交流与整合，为中西医结合打开一条新的通道。中西医面对的共同对象是患者和疾病，但中西医对同一患者或疾病看法是不相同的，两者缺乏可比性。生命质量强调的是患者自己的主观判断，只关心问题（如疼痛）是否还存在。通过生命质量，中西医找到了比较和结合的共同点。因而通过生命质量对中医的效果进行评价，容易在国际医药界得到认同，有助于宣传和推广中医。

5. 核心模块（core module）与特异性模块（specific module）的结合研究方式，即所谓共性与特异性的研究模式很可能发展成一大主流。

6. 鉴于经典测验理论（classical test theory，CTT）存在的不足，现代测验理论，如概化理论（generalizability theory，GT）、项目反应理论（item response theory，IRT）将越来越多地被用于生命质量量表的研制与评价中。

7. 生命质量临床意义的研究与解释，包括生命质量得分改变多少才具有临床意义、如何用生命质量得分进行临床诊断和预后分析等。

8. 针对影响生命质量的因素不仅应探讨一些社会环境因素，而且应探讨其物质基础（基因层面）甚至遗传与环境的交互作用。

（万崇华）

第二章 一般人群生命质量测定

第一节 一般人群生命质量研究概况

一些普适性的生命质量测定量表（general scale）并不针对某一种疾病患者，测评的目的不在于评价治疗效果，而在于了解一般人群（general population）的综合健康状况，甚至将生命质量作为一种综合的社会经济和医疗卫生指标，以便比较不同国家、不同地区、不同民族人民生命质量和发展水平。这在早期的生命质量测定中较为常见，目前社会经济领域中也多如是。例如，Gurin 等联合美国的几个大院校进行了一次全国抽样调查，主要研究美国民众的精神健康和幸福感；Sun 等运用 EQ-5D 量表调查了解斯德哥尔摩无家可归者健康相关生命质量情况；Park 等对韩国成人视力障碍及生活健康质量关系进行了研究；He 等对中国医生和护士的健康相关生命质量进行了调查；Nunes 等调查了巴西戈亚尼亚牙医的生命质量。

本书中的一般人群指没有特定疾病（主要是慢性病和癌症）的居民或具有某些特征的人群，通常是处于健康或亚健康状态的人群。一般人群生命质量测定也可用于城市或农村社区居民的某些干预措施效果评价，如用于健康教育、体育锻炼的效果评价等。例如，李华等采用健康 SF-8量表调查了公共卫生、基本医疗服务可及性和新型农村合作医疗对中国农村居民健康的影响；肖闻宇等采用 WHOQOL-BREF 中文版量表去评价"四点一面"的健康教育模式对广州某社区常住人口生命质量的影响；蓝根林等运用 SF-36 量表中文版分析了杭州市居民体育锻炼水平与生命质量的相关性；Pramesona 等探讨了宗教干预对印度尼西亚养老院居民抑郁症和健康相关生命质量的影响。

有时，生命质量的测量仅限于某些特殊人群，以了解该人群的健康状况及影响因素并解决某些相关问题。例如，老年人问题是一个特殊问题，而人口老龄化的加剧使其在众多社会民生问题中得以凸显。老年人都有不同程度的健康受损，相比没有引起功能障碍的一般健康问题，更重要的是日常生活自理能力和在功能减退情况下自理生活需要帮助的程度。因此老年人生命质量及相关问题有其特殊性并引起了学术界的关注和研究，如巩存涛对维吾尔族、哈萨克族农村老年人生命质量及影响因素进行了研究，其主要测评工具为 SF-8 生命质量量表（该量表为SF-36 量表的简化版本）。

国内生命质量测定在一般人群生活状态评价中的应用也是比较广泛的，如：李净海调查了丹东市贫困人群生命质量；张燕采用 SF-36 量表对泰山市警察群体生命质量进行了研究。关于一般人群生命质量研究的文献非常多，如表 2-1 所示。针对大/中学生、教师、医生/护士、少数民族、城市/镇居民、农村居民等人群生命质量的研究均有报道，其中以老年人与儿童为研究对象的研究文献居多（含有患者如老年 COPD）。

表 2-1 利用 CNKI 查阅的一般人群生命质量研究文献分布（截至 2017 年 12 月）

人群	标题中有生命质量/生存质量/生活质量和该群体的文献篇数	（$n\%$）
大/中学生	246	（6.510）
教师	182	（4.816）
医生/护士	260	（6.880）
少数民族	85	（2.249）

续表

人群	标题中有生命质量/生存质量/生活质量和该群体的文献篇数	（n%）
城市/镇居民	231	（6.113）
农村居民	84	（2.223）
干部	48	（1.270）
个体（自由职业）	18	（0.476）
老人/老年人	1999	（52.898）
儿童	626	（16.565）
合计	3779	（100）

注：括号中的数字为各项文献数占所查总文献数的百分比。

第二节　一般人群生命质量测定工具

用于一般人群生命质量测定的量表多是普适性量表，常用的有 SF-36、WHOQOL-100 或简表 WHOQOL-BREF、NHP、EQ-5D、QWB 等。

我们把常用普适性量表的组成、结构与测量学评价列出（表 2-2），便于读者选用。

表 2-2　一般人群常用的生命质量普适性量表概览

编号		量表相关内容
01	量表名称	健康状况调查问卷简表-36（Medical Outcomes Study Short-form 36，SF-36）（Ware，1992）
	量表简介	36 个条目 8 个领域：生理功能、生理角色、躯体疼痛、总体健康、活力、情感角色、心理健康、社会功能 Cronbach's α 系数：0.78～0.93；结构效度：主成分分析显示与两个维度的理论构想基本一致；区分效度：对 4 组不同严重程度的临床患者的区分度均较高；条目-领域相关性高
	文献来源	1. Ware J E, Sherbourne C D. The MOS 36-Item Short-Form Health Survey (SF-36) I. Conceptual Framework and Item Selection. Medical Care, 1992, 30(6): 473-483 2. McHorney C A, Ware J E, Raczek A E. The MOS 36-Item Short-Form Health Survey (SF-36): Ⅱ. Psychmetric and clinical tests of validity in measuring physical and mental health constructs. Medical Care, 1993, 31(3): 247-263 3. McHorney C A, Ware J E, Rachel Lu J F, et al. The MOS 36-Item Short-Form Health Survey (SF-36): Ⅲ. Teats of data quality, scaling assumptions, and reliability across diverse patient groups. Medical Care, 1994, 32(1): 40-66
02	量表名称	世界卫生组织生存质量测定量表 100 题（World Health Organization Quality of Life，WHOQOL-100）（WHOQOL Group，1994）
	量表简介	100 个条目 4 个领域：生理、心理、社会关系和环境，每个领域包含 6 个方面。 另外有 1 个方面测量总的生命质量及一般健康状况，共计 25 个方面，每个方面 4 个条目，5 级 Likert 评分 Cronbach's α 系数：0.71～0.86；重测信度：0.68～0.95；实证性因子分析显示：总的 CFI=0.975，其余均在 0.9 以上，理论结构的拟合较好；区分效度：t 检验显示一般人群和患病人群的所有领域及方面的得分均有差异，两组在各领域差异在 5%～18.5%
	文献来源	1. WHOQOL Group. Development of the WHOQOL: rationale and current status. Int J Mental Health, 1994, 23: 24-56 2. WHOQOL Group. The World Health Organization Quality of Life assessment (WHOQOL): development and general psychometric properties. Soc Sci Med, 1998, 46(12): 1569-1585
03	量表名称	世界卫生组织生存质量测定简表（World Health Organization Quality of Life-BREF，WHOQOL-BREF）（WHOQOL Group，1998）
	量表简介	26 个条目 6 个领域：生理、心理、独立性、社会关系、环境、精神 外加 2 个总体健康状况和生命质量条目 Cronbach's α 系数：0.66～0.84；实证性因子分析显示 4 个领域时的 CFI>0.9；与 WHOQOL-100 相应领域的相关系数为 0.89～0.95；区分效度：一般人群与患病人群的所有领域都有差异

续表

编号		量表相关内容
03	文献来源	WHOQOL Group. Development of the World Health Organization WHOQOL-BREF Quality of Life assessment. PsycholMed, 1998, 28:551-558
04	量表名称	诺丁汉健康量表（Nottingham Health Profile，NHP）（Martini 和 McDowell，1976）
	量表简介	45 个条目分为两个部分：第一部分 38 个条目 6 个领域，包括躯体移动、疼痛、睡眠、精力、情绪反应、社会关系；第二部分 7 个条目，评价健康问题对就业、家务、社会生活、性生活、家庭关系、兴趣爱好和假期的影响 两分类条目，每个条目权重不同 重测信度：组内相关系数（intraclass correlation coefficient，ICC）第一部分 0.77～0.85，第二部分 0.44～0.86；区分效度：不同健康状况人群得分有差异
	文献来源	1. Martini C J, McDowell I. Health status:patient and physician judgements. Health Serv Res, 1976, 11: 508-515 2. Hunt S M, McKenna S P, Williams J. Reliability of a population survey tool for measuring perceived health problems: a study of patients with osteoarthrosis. Journal of Epidemiology and Community Health, 1981, 35: 297-300
05	量表名称	健康评估问卷（Health Assessment Questionnaire，HAQ）（Bruce, Fries,1978）
	量表简介	20 个条目 8 个领域：穿衣和修饰、起身、进食、行走、个体卫生、伸手拿东西、握紧事物、其他活动 另外，测量每个活动是需要帮助或借助设备，3 级评分，自评（问卷或电子触屏）或访谈（当面或电话）可选 重测信度：总分 0.76，领域 0.68～0.80；自评与访谈相关：0.68～0.88；触屏与纸质问卷重测信度：0.99；效标效度：较好；反应度：敏感
	文献来源	1. Fries J F, Spitz P W, Young D Y. The dimensions of health outcomes:the health assessment questionnaire, disability and pain scales. J Rheumatol, 1982, 9:789-793 2. Pincus T, Summey J A, Soraci SA Jr, et al.Assessment of patient satisfaction in activities of daily living using a modified Stanford Health Assessment Questionnaire. Arthritis Rheum, 1983, 26:1346-1353
06	量表名称	健康良好状态指数（Quality of Well-being Index，QWB）（Kaplan, 1979）
	量表简介	4 个领域：移动性、生理活动、社会活动（自我照顾、完成一般活动）、症状（19 个慢性症状、25 个急性症状和 11 个心理健康症状） 症状部分为两分类回答，其余为 3～5 个状况描述，受试者根据自身状况选择一个，得分为 0.00～1.00 重测信度：相关系数为 0.83～0.96，一致性系数为 0.82～0.97；效度：区分不同 HIV 感染者，与 CD4 及临床评价指标相关；与 SF-36 相关系数为 0.167～0.690；反应度：有变化
	文献来源	1. Kaplan R M, Bush J W, Berry C C. Health status index: category rating versus magnitude estimation for measuring level of well-being. Med Care, 1979, 17:501-525 2. Kaplan R M, Anderson J P, Patterson T L, et al. Validity of the Quality of Well-Being Scale for persons with human immunodeficiency virus infection. HNRC Group. HIV Neurobehavioral Research Center. Psychosom Med, 1995, 57(2):138-147
07	量表名称	欧洲五维健康量表（European Quality of Life-5 Dimensions Health Status Index，EQ-5D）（Euroqol Group,1990）
	量表简介	两个部分：第一部分为 5 个领域的描述，包括移动性、自我照顾、平常活动、疼痛/不适、焦虑/抑郁 5 个条目，3 级评分；第二部分为直观模拟标度尺（VAS），0～100 的线性条目 重测信度：0.70～0.85；结构效度与区分效度较好
	文献来源	Herdman M，Gudex C Lloyd A，Janssen, M F. Development and preliminary testing of the new five-level version of EQ-5D (EQ-5D-5L). Quality of Life Research, 2011，20(10)：1727-1736
08	量表名称	健康状况自估量表（Dartmouth Coop Functional Health Assessment Charts /World Organization of National Colleges，Academies and Academic Association of General Practitioners，COOP/WONCA）（Nelson EC，1987）
	量表简介	6 个领域：身体健康、感觉、日常活动、社会活动、健康变化、总体健康状况 5 级等级或描述性选项，受试者根据过去 2 周的自身状况选择答案 重测信度：γ 系数 0.42～0.63；患者的可接受性：完成率 98.0%；临床有效性满意；因子分析：两个因子方差累计贡献率 88.5%

续表

编号		量表相关内容
08	文献来源	1. Nelson E C, Wasson J, Kirk J, et al. Assessment of function in rourine clinical practice: description of the COOP chart method and preliminary findings. J Chron Dis, 1987, 40(suppl.1): 55S-63S 2. Westbury R C, Rogers T B, Briggs T E, et al. A multinational study of the factorial structure and other characteristics of the Dartmouth COOP Functional Health Assessment Charts/WONCA. Family Practice, 1997, 14: 478-485
09	量表名称	一般健康问卷（General Health Questionnaire，GHQ）（Goldberg，1970）
	量表简介	60 个条目 4 个领域：抑郁/不幸、焦虑/心理失调、社会功能失调、疑病症 GHQ-30：30 个条目简表，去掉生理症状条目，包含心理状况、社会功能健康、应对能力；GHQ-28：28 个条目简表，包含躯体症状、焦虑和失眠、社会功能失调、严重抑郁 4 个领域；GHQ-20：20 个条目简表，包含心理健康的正性条目和负性条目；GHQ-12：12 个条目简表，包含抑郁、社会功能失调 2 个领域 所有条目均采用 4 级 Likert 评分，得分越高，心理健康越差 敏感度 95.8%，特异性度 87.8%；与临床严重性评分的相关性：0.45～0.63（社区），0.7～0.8；结构效度均经过因子分析确认
	文献来源	1. Goldberg D P, Blackwell B. Psychiatric illness in general practice. A detailed study using a new method of case identification. Br Med J, 1970, 1(5707):439-443 2. Benjamin S, Decalmer P, Haran D.Community screening for mental illness: a validity study of the General Health Questionnaire.Br J Psychiatry, 1982, 140:174-180 3. Finlay-Jones R A, Murphy E.Severity of psychiatric disorder and the 30-item general health questionnaire.Br J Psychiatry, 1979, 134:609-616 4. Tennant C.The general health questionnaire: a valid index of psychological impairment in Australian populations.Med J Aust, 1977 ,2(12):392-394
10	量表名称	兰开夏生活质量评定量表（Lancashire Quality of Life Profile，LQoLP）（Oliver，1991）
	量表简介	105 个条目 9 个领域：工作和教育、闲暇和参与、宗教、经济、生活状况、法律地位和安全、家庭关系、社会关系、健康，两分类回答 重测信度：0.67～0.92；Cronbach's α 系数：0.62～0.92；结构效度：0.42～0.71；因子分析：6 个因子方差贡献率为 58.6%
	文献来源	1. Oliver J P, Huxley P J, Priebe S, et al.Measuring the quality of life of severely mentally ill people using the Lancashire Quality of Life Profile. Soc Psychiatry Psychiatr Epidemiol, 1997, 32(2):76-83 2. van Nieuwenhuizen C, Schene A H, Koeter M W, et al. The Lancashire Quality of Life Profile: modification and psychometric evaluation. Soc Psychiatry Psychiatr Epidemiol, 2001, 36(1):36-44
11	量表名称	儿科生活质量量表（Pediatric Quality of Life Inventory，PedsQL）（Varni，1999）
	量表简介	核心模块由 23 个条目组成，包含 4 个领域：生理、情感、社会、学校，测量对象为 2～18 岁儿童及青少年，有自评量表和家长量表，5 级 Likert 评分 疾病特异性模块：哮喘、风湿、糖尿病、癌症、心脏病等 Cronbach's α 系数：总分 0.88～0.90，生理 0.80～0.88，心理社会 0.83～0.86；区分效度：健康儿童、急性、慢性病儿童有差异；因子分析：与理论构想基本一致；敏感性：与心脏疾病严重程度相关；反应度：随治疗时间有变化
	文献来源	1. Varni J W, Seid M, Rode C A. The PedsQL: measurement model for the Pediatric Quality of Life Inventory. Med Care, 1999, 37(2): 126-139 2. Varni J W, Seid M, Kurtin P S. PedsQL 4.0: reliability and validity of the Pediatric Quality of Life Inventory version 4.0 generic core scales in healthy and patient populations.Med Care, 2001, 39(8): 800-812 3. Varni J W, Seid M, Knight T S, et al. The PedsQL 4.0 Generic Core Scales: sensitivity, responsiveness, and impact on clinical decision-making. J Behav Med, 2002, 25(2): 175-193
12	量表名称	生活质量多维指数（Multidimensional Index of Quality of Life，MILQ）（Avis N E, Smith K W, Hambleton R K, et al.，1996）
	量表简介	35 个条目 9 个领域：心理健康、躯体健康、躯体功能、认知功能、社会功能、亲密关系、生产力、经济地位、与卫生人员的关系 重测信度：0.63～0.84；Cronbach's α 系数：0.76；效标效度：领域得分及总分与自评健康状况和心脏相关症状数量有高度相关

续表

编号		量表相关内容
12	文献来源	Avis N E, Smith K W, Hambleton R K, et al.Development of the multidimensional index of life quality. A quality of life measure for cardiovascular disease. Med Care, 1996, 34(11): 1102-1120
13	量表名称	生命质量评估工具（Assessment of Quality of Life Instrument，AQOL）（Richardson J，2004）
	量表简介	AQOL-8D 包含 35 个条目 8 个领域：生理功能方面有独立生活、疼痛、感觉 3 个领域，心理社会方面有心理健康、幸福感、应对、关系、自我价值 5 个领域，使用 VAS 评分 重测信度：0.63～0.91（2 周），0.69～0.89（4 周）；Cronbach's α 系数：0.51～0.96；内容效度及表面效度较好；效标效度：与 SF-36 领域相关性为 0.46～0.80
	文献来源	1. Richardson J, Day N A, Peacock S, et al. Measurement of the quality of life for economic evaluation and the Assessment of Quality of Life (AQOL) Mark 2 Instrument. Aust Econ Rev, 2004, 37(1): 62-88 2. Richardson J, Iezzi A, Khan M A, et al. Validity and Reliability of the Assessment of Quality of Life (AQoL)-8D Multi-Attribute Utility Instrument. Patients, 2014 (7): 85-96
14	量表名称	生活质量问卷（Quality of Life Inventory，QOLI）（李凌江等，1995）
	量表简介	64 个条目 4 个领域：躯体功能、心理功能、社会功能、物质生活条件，5 级 Likert 评分 重测信度：0.84～0.93；Cronbach's α 系数：0.51～0.77；条目-领域相关系数：躯体功能为 0.62～0.66，心理功能为 0.58～0.65，社会功能为 0.41～0.57，物质生活为 0.38～0.52；因子分析：11 个因子累计方差贡献率为 67.7%；敏感性：性别、年龄、城乡、心身状态间得分有差异；效标效度：可接受范围
	文献来源	李凌江，郝伟，杨德森，等. 社区人群生活质量研究——III生活质量问卷（QOLI）的编制. 中国心理卫生杂志，1995，9（5）：227-231
15	量表名称	自测健康评定量表（Self-rated Health Measurement Scale，SRHMS）（许军等，1999）
	量表简介	46 个条目 3 个领域：生理健康、心理健康、社会健康，0～10 的线性条目 修订版增加到 48 个条目，领域不变 重测信度：0.611～0.939；Cronbach's α 系数：0.847～0.897；因子分析：9 个因子累计方差贡献率 61%；效标效度：与 SF-36 相关系数 0.437～0.620；反应度：一般 修订版重测信度：0.605～0.980；Cronbach's α 系数：0.85～0.93；分半信度：0.7399；结构效度：条目-维度相关；因子分析：10 个因子累计方差贡献率为 65.791%；效标效度：与 SF-36 相关系数为 0.526；反应度：较好
	文献来源	1. 许军，王斌会，胡敏燕，等. 自测健康评定量表的研制与考评. 中国行为医学科学，2000，9（1）：65-68 2. 许军，谭剑，王以彭，等. 自测健康评定量表修订版（SRHMS V1.0）的考评. 中国心理卫生杂志，2003，17（5）：301-305
16	量表名称	老年人生活质量调查 （于善林等，1996）
	量表简介	11 个领域：健康状况、生活习惯、日常生活功能、家庭和睦、居住条件、经济收入、营养状况、心理卫生、社会交往、生活满意度、体能检查，描述型条目，良（3 分）、中（2 分）、差（1 分）3 级评分
	文献来源	于善林，杨超元，何慧德. 老年人生活质量调查内容及评价标准建议（草案）. 中华老年医学杂志，1996，15（5）：320
17	量表名称	中华生存质量量表（赵利等，2004）
	量表简介	50 个条目 3 个领域：形（包括气色、睡眠、精力、饮食、气候适应性 5 个方面）、神（包括精神状态、思维与眼神、语言表达 3 个方面）、情志（包括喜、怒、悲忧、惊恐 4 个方面），5 级 Likert 评分 重测信度：0.83～0.90；Cronbach's α 系数：0.80～0.89；内容效度：条目-领域相关系数强；结构效度：实证性因子分析，拟合优度指数 0.82～0.96；效标效度：WHOQOL-100 的相应领域相关；区分效度：区分门诊、住院患者和健康人
	文献来源	1. 赵利，刘凤斌，梁国辉，等. 中华生存质量量表的理论结构模型研制探讨. 中国临床康复，2004，8（16）：3132-3134 2. 赵利，刘凤斌，梁国辉，等. 中华生存质量量表的信度和效度. 中国临床康复，2006，10（8）：1-3 3. 刘凤斌，赵利，郎建英，等. 中华生存质量量表的研制. 中国组织工程研究与临床康复，2007，11（52）：10492-10495，10515

注：Cronbach's α，克龙巴赫 α 系数。

（万崇华）

第三章　慢性病患者生命质量测定

第一节　慢性病患者生命质量研究概况

慢性病（chronic disease，chronic illness）一般指非传染性慢性疾病，是一类起病隐匿、病程漫长、病情迁延不愈或反复发作加重，对患者、家庭及社会造成重大经济和生命危害的疾病。慢性病的范围十分广泛，常见的慢性病有慢性心脑血管疾病、慢性呼吸系统疾病、内分泌及代谢疾病、慢性骨关节疾病、慢性消化系统疾病、慢性泌尿生殖系统疾病、慢性神经精神疾病、慢性皮肤疾病、血液疾病、免疫系统疾病、先天性疾病、癌症等。慢性病也包括结核病、艾滋病等慢性传染性疾病，因其既具有慢性病的特点，又具有传染性，故较一般慢性病的危害更大。鉴于癌症比较特殊，单独对其进行研究，本书中所述慢性病不含癌症。

随着生活水平的不断提高，人口老龄化日趋严重，慢性病的发生也呈现快速上升趋势。WHO 资料显示，仅 2008 年，慢性病就导致了超过 3600 万人死亡，占全球死亡总人数的 63%，其中 1400 万以上为 30～70 岁的过早死亡，占低到中等收入国家 86% 的疾病负担。

我国的慢性病发病率也在不断上升，防控形势日益严峻，每年有 800 万人死于非传染性疾病，其中 300 万人属于过早死亡，由恶性肿瘤及其他慢性病导致的死亡占总死亡人数的 85%，导致的疾病负担占总疾病负担的 70%。

慢性病具有病程长、不能治愈、反复发作且逐渐加重的特点，对患者的生理、心理功能及社会交往能力都可能产生较大的影响，因此对患者的工作、生活有不同程度的影响。而传统评价疾病严重程度的指标如患病率、病死率、死亡率、生存率等无法关注疾病对患者存活状态下功能的影响，用于评价治疗措施的指标如好转率、有效率、缓解率等则没有全面关注患者心理和社会功能的改善。生命质量的测定完美地兼顾了上述考量，逐步成为评价人群健康状况和治疗措施的指标，并在慢性病领域受到重视，成为慢性病及肿瘤研究领域的热点之一。

慢性病患者生命质量测定是生命质量研究的热点，每年都有大量的相关文章发表，除癌症外，常见慢性病的研究也非常多。表 3-1 列出了在 PubMed 中查阅的不同慢性病患者生命质量的文献情况，其中，大量研究集中于慢性病患者生命质量测定量表的开发、患者生命质量测定及影响因素分析、治疗或干预措施对患者生命质量的影响等方面。

我国的生命质量研究始于 20 世纪 80 年代中期，到 20 世纪 90 年代末呈现急剧增长的态势，与国外生命质量研究类似，研究热点也集中在癌症及其他慢性病领域，表 3-1 也给出了查阅 CNKI 的有关常见慢性病患者生命质量研究文献的情况。

孙春玲等的研究表明，我国生命质量的研究遍布全国，在肿瘤、慢性病等方面形成了若干研究热点，但同时也表明研究主要集中在应用层面，理论层面的研究略显不足。

表 3-1　PubMed 和 CNKI 查阅的常见慢性病患者生命质量研究文献情况（截至 2017 年 12 月）

编号	疾病	PubMed 标题中有 quality of life 和该疾病		CNKI 标题中有生命质量/生存质量/生活质量和该疾病	
		文献篇数	(n%)	文献篇数	(n%)
01	高血压	357	(3.825)	1325	(13.950)
02	冠心病	85	(0.911)	936	(9.855)
03	慢性胃炎	6	(0.064)	117	(1.232)

续表

编号	疾病	PubMed 标题中有 quality of life 和该疾病		CNKI 标题中有生命质量/生存质量/生活质量和该疾病	
		文献篇数	（n%）	文献篇数	（n%）
04	消化性溃疡	15	（0.161）	117	（1.232）
05	肠易激综合征	171	（1.832）	144	（1.516）
06	慢性阻塞性肺疾病	304	（3.257）	100	（1.053）
07	慢性肺源性心脏病	0	（0.000）	19	（0.200）
08	支气管哮喘	28	（0.300）	191	（2.011）
09	甲状腺功能亢进	6	（0.064）	47	（0.495）
10	糖尿病	1082	（11.592）	1791	（18.857）
11	骨关节炎	232	（2.486）	76	（0.800）
12	类风湿关节炎	360	（3.857）	60	（0.632）
13	系统性红斑狼疮	172	（1.843）	90	（0.948）
14	脑卒中	619	（6.632）	1171	（12.329）
15	前列腺增生	89	（0.954）	123	（1.295）
16	慢性前列腺炎	12	（0.129）	49	（0.516）
17	慢性肾衰竭	29	（0.311）	53	（0.558）
18	肾病综合征	6	（0.064）	44	（0.463）
19	慢性肝炎	114	（1.221）	9	（0.095）
20	肺结核	73	（0.782）	230	（2.422）
21	艾滋病	1079	（11.560）	560	（5.896）
22	药物成瘾	4	（0.043）	8	（0.084）
23	精神分裂症	579	（6.203）	966	（10.171）
24	抑郁症	1423	（15.245）	341	（3.590）
25	焦虑症	740	（7.928）	46	（0.484）
26	癫痫	639	（6.846）	396	（4.169）
27	骨质疏松	187	（2.003）	244	（2.569）
28	银屑病	324	（3.471）	123	（1.295）
29	痛风	24	（0.257）	44	（0.463）
30	炎症性肠病	249	（2.668）	56	（0.590）
31	网络成瘾	2	（0.021）	4	（0.042）
32	肥胖症	324	（3.471）	18	（0.190）
合计		9334	（100）	9498	（100）

注：括号中的数字为各项文献数占所查总文献数的百分比。

从表 3-1 可以看出，高血压、脑卒中、糖尿病、艾滋病、精神分裂症患者等的生命质量研究在国内外都有很多。国外对抑郁症、肥胖症患者生命质量研究也很多，而国内对冠心病、支气管哮喘患者生命质量的研究占比较国外多。

第二节 慢性病患者生命质量测定工具

慢性病患者生命质量的测量主要通过量表实现，测量量表可以分为普适性量表和疾病特异性量表。普适性量表的开发不针对特定的疾病，可用于不同疾病患者及正常人群生命质量或健康状况的研究。疾病特异性量表则是针对特定的疾病或状况开发的，可用于特定疾病患者生命质量测定及影响因素的研究，对干预的敏感性一般较普适性量表强，其对疾病特定领域的关注，为临床选择干预措施及改善患者预后提供了一定的依据，同时为临床干预的效果提供了新的评价指标。

一、慢性病患者生命质量普适性量表

用于测定慢性病患者生命质量的普适性量表较多，常用的有 SF-36、WHOQOL-100 或 WHOQOL-BREF、NHP、EQ-5D、QWB 等。Coons 比较了 6 种普适性量表，认为每个量表开发的目的和适用范围均不同。研究者主要依据研究目的及测量对象的特征和环境，选择具有所需评价生命质量相关特性的量表。第二章介绍的一般普适性量表均可用于慢性病患者生命质量测定，这里不再赘述。

此外，尚有专门用于慢性病并且可以用于各种慢性病的普适性量表，实际上就是慢性病的共性量表。目前，专用于慢性病的共性量表只有 FACIT-G 和 QLICD-GM 两个。

1. 慢性病治疗功能评价中的共性量表（functional assessment of chronic illness therapy-general module，FACIT-G）　是美国西北大学（Northwestern University）的 David Cella 博士领衔的转归研究与教育中心（Center on Outcomes Research and Education，CORE）研究团队研制的生命质量量表体系，该量表体系从 1987 年开始研制，最先是用于癌症患者测定的癌症治疗功能评价量表（Functional Assessment of Cancer Therapy，FACT），第 4 版 FACT-G 于 1997 年被扩展到其他慢性病的研究，并正式命名为慢性病治疗功能评价量表（FACIT），FACT-G 也即 FACIT-G。FACIT-G 包含 27 个条目 4 个领域：生理健康（physical well-being，PWB，7 个条目，GP1～GP7）、社会/家庭健康（social/family well-being，SWB，7 个条目，GS1～GS7）、情绪健康（emotional well-being，EWB，6 个条目，GE1～GE6）和功能健康（functional well-being，FWB，7 个条目，GF1～GF7）。条目采用 5 级 Likert 评分，即从一点也不（0）到非常（4）。

2. 慢性病患者生命质量测量量表体系之共性模块量表（quality of life instrument for chronic diseases-general module，QLICD-GM）　是万崇华等于 2003 年起研制的慢性病患者生命质量测定量表体系中的共性模块量表。该体系由一个共性模块（GM）和一系列疾病特异性模块（SM）构成，共性模块测定慢性病患者共性部分，可以单独使用于不同的慢性病患者，具有普适性量表的特性，同时也可以结合特异性模块应用于特定慢性病患者，具有特异性量表的作用。QLICD-GM（V2.0）包括生理功能（9 个条目）、心理功能（11 个条目）、社会功能（8 个条目）3 个领域共 28 个条目，领域可以再划分为侧面，如生理功能领域可以划分为基本生理机能、独立性、精力不适等 3 个侧面。

二、慢性病患者生命质量特异性量表

不同病种有不同的症状、不同的体征、不同的心理状况，因此需要不同的问题来反映，从而构成了不同的特异性量表。慢性病的生命质量特异性量表是专门针对某一种慢性病而研制的量表。

慢性病非常多，而且量表研究者"各自为政"，导致同一病种出现多个量表，如用于关节炎测评的量表有 10 多个，用于糖尿病的量表有 20 多个。不少学者对常见的疾病都单独研制量表，因而特异性量表有很多。为了方便选用，我们把 32 种主要慢性病常见的生命质量特异性量表（名录）概括于表 3-2，具体的介绍参见相关专著[7]。

表 3-2 主要慢性病常见的生命质量特异性量表概览

编号	疾病	特异性量表（名录）
01	高血压	QLICD-HY、CHAL、MINICHAL、HQALY、CAMPHOR、VSQLQ、LPH、PAH-SYMPACT、Croog 的高血压患者生活质量评估量表、徐伟的老年原发性高血压患者生活质量量表
02	冠心病	SAQ、QLMI/MacNew、MIDAS、APQLQ、The Angina-related Limitations at Work Questionnaire、MLwHF、CHQ、CROQ、CHP、QLI-Cardiac Version、CLASP、CDS、CHPchf、KCCQ、QLICD-CHD、郭兰冠心病患者生命质量测定量表、郭小玲冠心病患者报告结局量表、王伟冠心病中西医结合生存质量量表、朱婷中医特色冠心病生存质量量表、何庆勇冠心病心绞痛中医 PRO 疗效评价量表、李立志基于心血管疾病病人报告的临床疗效评价量表
03	慢性胃炎	GIQLI、GSRS、QOLRAD、Izumo Scale、QPD、QLICD-CG
04	消化性溃疡	QPD、SODA、UESS、QOLRAD、PAGIQOL、UC/CD HSS、QLICD-PU、
05	肠易激综合征	IBSQOL、IBSQ、IBS-36、IBDQ、FDDQL、DHSI、GSRS、CC IBD Scale、RFIPC、GIOLI、IBS-IS、QLICD-IBS、官坤祥肠易激综合征中医证候量表
06	慢性阻塞性肺疾病	CRQ、SGRQ、PFSDQ、AQ20/30、SOLQ、BPQ、QLICD-COPD、蔡映云慢性阻塞性肺疾病生命质量测定表
07	慢性肺源性心脏病	MLHF、SGRQ、CAMPHOR、AQ30/20、QLICD-CPHD
08	支气管哮喘	AQLQ、Acute AQLQ、MiniAQLQ、LWAQ、ASC、ACQ、AQLQ-NAA、AAQOL、PAQLQ、QLQ-Asthma、A-QOL、SAQ、QLICD-BA、李凡中国成人哮喘生命质量量表、徐东支气管哮喘患者生活质量问卷
09	甲状腺功能亢进	甲状腺疾病患者症状自评健康调查问卷（ThyPRO）、甲状腺功能亢进症状调查表（HCQ）、QLICD-HT
10	糖尿病	DQOL、DQOL-Y、AD-DQOL、ADDQOL-Teen、DSQOLS、Diabetes-39、ADS、DIMS、DQLCTQ、DHP、QSD-R、WED、ITR-QOL、DCP、IDSRQ、ITAS、DDRQOL、PAID、DTR-QOL、Asian DQOL、DSQL、QLICD-DM、DMQLS、NIDDM、范丽凤糖尿病患者生存质量量表、陈声林儿童 1 型糖尿病病人生存质量量表
11	骨关节炎	AIMS、MACTAR、AHI、OAKHQOL、Mini-OAKHQOL、JAQQ、JASI、the Lee Functional Status Instrument、PET、AUSCAN、WOMAC、KOOS、HOOS、OAQOL、AMIQUAL、QLICD-GM、郑晓辉膝骨关节炎中医生存质量量表
12	类风湿关节炎	QOL-RA、CSHQ-RA、RAQOL、HAQDI、MHAQ、MDHAQ、RAQOL、RAPS、RASS、BRAF MDQ、PedsQL、JAQQ、PRQL、CAHP、QLICD-RA、刑文荣类风湿关节炎生命质量量表、姜林娣类风湿关节炎生命质量量表
13	系统性红斑狼疮	LupusQol、L-QOL、SLEQOL、SSC、Lupus-PRO、C-HAQ、PedsQL-GC、PedsQL-RM、SMILEY、QLICD-SLE、QLICD-SLE
14	脑卒中	FAI、Niemi QOL Scale、QLI-SV、SA-SIP30、SAQOL-39、SS-QOL、SIS、HRQOLISP、NEWSQOL、HSQuale、CQOL、QOLI-CAP、QLICD-ST、何成松脑卒中患者生活质量量表、曹卫华脑卒中生活质量量表
15	前列腺增生	IPSS、BPH HR-QL、DAN-PSS-1、BPHⅡ、BPHQOL9、POQ、Benign Prostatic Hyperplasia（BPH）-Specific QOL Scale、BSP-BPH、ICS-BPH、BPHQLS、QLICD-BPH
16	慢性前列腺炎	IPSS、DAN-PSS、NIH-CPSI、ICSmaleSF、QLICD-CP
17	慢性肾衰竭	KDQOL、KDQOL-SF、ESRD-SCL-TM、NKDKTS、the Kidney Transplant Questionnaire、Ferrans and Powers 肾移植病人生活质量量表、KDCS、RTQ、KMQOL、QLICD-CRF、范仲珍肾移植病人生活质量评定量表、邓燕青肾移植后患者生活质量评分专用量表
18	脂肪肝	CLDQ-NAFLD、NIDDK、NHANES HRQOL-4、申青艳非酒精性脂肪肝中医 PRO 量表、徐倩非酒精性脂肪性肝病患者自我管理量表
19	慢性肝炎	HQLQ、LDQLQ、CLDQ、LDSI、HBQOLV1.0、PBC-40、CLD-QOL、TCMLDQ、QLICD -CH、陈非凡中医肝病 PRO 量表
20	肺结核	DR-12、FACIT-TB、QLI-TB V1.0、HBSOT、PTBS、QLICD-PT
21	HIV/AIDS	MOS-HIV、MQOL-HIV、HAT-QOL、FAHI、WHOQOL-HIV、WHOQOL HIV-BREF、ATHOS、HOPES、HIV-QL31、LWH、GHSA、QOL-CPLWHA、HIV/AIDSQOL-46、QLICD-HIV
22	药物成瘾	ASI、IDUQOL、DUQOL-Spanish、HRQOLDA-Test、DAH-RS、OTI、QOL-DA、肖琳阿片类药物依赖者生活质量量表

续表

编号	疾病	特异性量表（名录）
23	精神分裂症	BPRS、QOLI、QLS、SQLS、S-QOL、SOL、Q-LES-Q、RSM、S-CGQol、S.QUA.L.A、PETiT、LQolP、MANSA、SCQ、QULS、SSMIS、QLICD-SC、潘润德精神病人生存质量测定量表
24	抑郁症	QLDS、DQOLB、SASS、QLICD-DE
25	焦虑症	LSAS、SADS、BSPS、SPAI、HAMA、FNES、FQ、PRCA-24、SS、SDS、HADS、SDS、SAS、BDI、BAI、GDS、GAD-7、NOSIE-30、Q-LES-Q-SF、ASI-CR、WSP、CPAI2-E、TCMDS、QLICD-AD、冯珊广泛性焦虑症疗效评价量表
26	癫痫	QOLIE、CHEQOL-25、WPSI、LQOL、ESI-55、QLICD-EP
27	骨质疏松	WHO、OQLQ、OPAQ、OFDQ、QUALEFFO、OPTQOL、JOQLQ、ECOS-16、QUALIOST、OQOLS、QLICD-OS、刘健原发性骨质疏松症生活质量专用量表、孙丁骨质疏松症患者生命质量量表
28	银屑病	PDI、PLSI、PQOL-12、PSORQOL、FSQ、DLQI、CDLQI、Skindex、DQOLS、DSQL、SPI、KMPI、IPSO、PQLQ、NPQ10、PSO-LIFE、PsAQOL、PQOLS、PQOL、QLICD-PS、周梅花银屑病中医生存质量量表
29	痛风	GAQ、TIQ-20、QLICD-AR
30	炎症性肠病	IBDQ、SIBDQ、IMPACT、RFIPC、EIBDQ、QLICD-IBD
31	网络成瘾	QLICD-IA、Young 网络成瘾量表
32	肥胖症	OSQOL、ORWELL97、OWLQOL、WRSM、QLICD-OB

其中，FACIT 与 QLICD 以体系方式形成了慢性病量表系列。只是 FACIT 主要应用于癌症患者的生命质量测定，在慢性病领域的应用相对较少，目前已研制出的慢性病特异性量表包括艾滋病量表（FAHI）、多发性硬化量表（FAMS）、帕金森病量表（FAPD）、风湿性关节炎量表（FARA）等。FACIT 系统还包括了一系列的非癌症领域特异性量表（non-cancer specific measure）、症状特异性量表（symptom specific measure）及治疗特异性量表（treatment specific measure），如乏力量表（FACIT-F）、精神量表（FACIT-SP）、治疗满意度量表（FACIT-TS）等。

万崇华负责的生命质量研究团队开发了我国 QLICD。目前该量表体系已经形成第 2 版，包括可用于各种慢性病的共性模块 QLICD-GM 及在此基础上形成的针对 30 多种慢性病的特异性测定量表，详见表 3-3。而对于还没有开发特异性量表的疾病可以利用共性模块进行测定，因此，该体系实际上适用于所有的慢性病。

表 3-3 慢性病患者生命质量测定量表体系（QLICD V2.0）研制情况

序号	疾病	量表名称	条目数	侧面数	进展情况
00	共性模块	QLICD-GM	28	9	完成，对外应用中
01	高血压	QLICD-HY	41（13）	15	完成，对外应用中
02	冠心病	QLICD-CHD	42（14）	14	完成，对外应用中
03	慢性胃炎	QLICD-CG	39（11）	13	完成，对外应用中
04	消化性溃疡	QLICD-PU	41（13）	13	完成，对外应用中
05	肠易激综合征	QLICD-IBS	—	—	现场测试中
06	慢性阻塞性肺疾病	QLICD-COPD	37（9）	13	完成，对外应用中
07	慢性肺源性心脏病	QLICD-CPHD	44（16）	15	完成，对外应用中
08	支气管哮喘	QLICD-BA	44（16）	13	完成，对外应用中
09	甲状腺功能亢进	QLICD-HT	—	—	研制中
10	糖尿病	QLICD-DM	42（14）	14	完成，对外应用中

续表

序号	疾病	量表名称	条目数	侧面数	进展情况
11	骨关节炎	QLICD-OA	43（15）	13	完成，对外应用中
12	类风湿关节炎	QLICD-RA	43（15）	13	完成，对外应用中
13	系统性红斑狼疮	QLICD-SLE	47（19）	15	完成，对外应用中
14	脑卒中	QLICD-ST	43（15）	13	完成，对外应用中
15	前列腺增生	QLICD-BPH	44（16）	13	完成，对外应用中
16	慢性前列腺炎	QLICD-CP	44（16）	13	完成，对外应用中
17	慢性肾衰竭	QLICD-CRF	38（10）	12	完成，对外应用中
18	肾病综合征	QLICD-NS	—	—	研制中
19	慢性肝炎	QLICD-CH	46（18）	15	完成，对外应用中
20	肺结核	QLICD-PT	40（12）	13	完成，对外应用中
21	HIV/AIDS	QLICD-HIV	43（15）	12	完成，对外应用中
22	药物成瘾	QLICD-DA	44（16）	12	完成，对外应用中
23	精神分裂症	QLICD-SC	—	—	现场测试中
24	抑郁症	QLICD-DE	—	—	现场测试中
25	焦虑症	QLICD-AD	—	—	现场测试中
26	癫痫	QLICD-EP	—	—	研制中
27	骨质疏松	QLICD-OS	—	—	现场测试中
28	银屑病	QLICD-PS	41（13）	12	完成，对外应用中
29	痛风	QLICD-GO	—	—	现场测试中
30	炎症性肠病	QLICD-IBD	—	—	研制中
31	网络成瘾	QLICD-IA	—	—	研制中

注：括号内为特异性模块的条目数，括号外为总量表条目数，包括 QLICD-GM 的 28 个条目（其中生理功能 9 条、心理功能 11 条、社会功能 8 条），包括 QLICD-GM 的 9 个侧面（其中生理功能、心理功能、社会功能各 3 个）。

（万崇华）

第四章 癌症患者生命质量测定

第一节 癌症患者生命质量研究概况

近 30 年来，生命质量研究备受关注，形成了一个国际性研究热点。鉴于癌症较难被治愈，我们很难用治愈率来评价治疗效果，生存率的作用也有限（因为要明显延长其生存时间非常困难），因此癌症患者的生命质量研究成为医学领域生命质量研究的主流。

早在 1980 年，欧洲癌症研究治疗组织（European Organization for Research and Treatment of Cancer，EORTC）创立了由 7 个国家参加的生命质量研究组（quality of life group），从较大规模上进行癌症患者生命质量测定的协作研究。1986 年，EORTC 系统地开发癌症患者生命质量测定量表，旨在开发一套整体性的、模块式的生命质量测定量表，以满足不同癌症患者生命质量的测定需要。1987 年，含 36 个条目的第一代核心量表 QLQ-C36 被开发出来。20 世纪 90 年代初，含 30 个条目的第二代核心量表 QLQ-C30 第 1、2 版相继问世，1999 年其第 3 版本被推出。随后 EORTC 研制出了以 QLQ-C30 为核心的一系列癌症患者生命质量测定特异性量表，如乳腺癌 QLQ-BR23、肺癌 QLQ-LC13 等。

1987 年起，美国转归研究和教育中心（Center on Outcomes，Research and Education，CORE）就开始研制癌症治疗功能评价系统（Functional Assessment of Cancer Therapy，FACT）。该系统是由一个测量癌症患者生命质量共性部分的一般量表，即共性模块（generic scale，FACT-G）和一些针对特定癌症的特异性条目（特异性模块）构成的量表群。它们均采用共性模块与特异性模块相结合的方式形成针对各种特定癌症的特异性量表，如 FACT-B 由 FACT-G 和 9 个针对乳腺癌的特异性条目构成，专门用于乳腺癌患者的生命质量测定。1990 年 CORE 推出了含 38 个条目的第 1 版 FACT-G 量表，在此基础上 1993 年推出第 2 版的 FACT-G（V2.0），将评价条目减少为 28 个，同时为了应用方便删除了 FACT-G（V1.0）中每个条目后面关于患者期望的回答选项。1995 年 CORE 推出的第 3 版 FACT-G（V3.0）基本与第 2 版相同，只是在个别条目的说法上进行了一点修改。1997 年 CORE 推出的第 4 版 FACT-G（V4.0）由 4 个领域 27 个条目构成。随后研制出的以 FACT-G 为核心的一系列癌症患者生命质量测定特异性量表在实践中得到广泛应用。

在中国，早在 20 世纪 90 年代，罗健就专门针对癌症患者开发了中国癌症患者化学生物治疗生活质量量表（QLQ-CCC），万崇华等则开始系统地研制癌症患者生命质量测定量表体系（QLICP）。该体系是按共性模块与特异性模块结合的方式来系统开发的，包括我国常见癌症的患者生命质量测定量表。经过 10 多年的研究测试和临床应用，到 2011 年底万崇华等已经研制出第 1 版测定量表体系（QLICP V1.0），包括 1 个共性模块量表（QLICP-GM V1.0）和针对 9 种癌症的特异性量表（表 4-1）。万崇华等从 2010 年起开始了第 2 版（QLICP V2.0）研制，拟采用现代测量理论中的项目反应理论和概化理论并结合经典测量理论来系统地研制 20 种严重或常见癌症患者的生命质量测定量表。

表 4-1 癌症患者生命质量测定量表体系第 1 版（QLICP V1.0）概况

序号	疾病	量表名称	条目数	侧面数	重测信度	Cronbach's α 系数	反应度（SRM）
00	共性模块	QLICP-GM	32	9	0.89	0.88	0.45
01	头颈癌	QLICP-HN	46（14）	12	0.96	0.79/0.71	0.53
02	脑癌	QLICP-BN	47（15）	11	0.97	0.85/0.91	0.58
04	肺癌	QLICP-LU	40（8）	13	0.78	0.83/0.70	1.28
05	乳腺癌	QLICP-BR	39（7）	12	0.88	0.82/0.65	0.27
06	食管癌	QLICP-ES	48（16）	13	0.99	0.91/0.81	0.23
07	胃癌	QLICP-GA	39（7）	11	0.98	0.90/0.70	0.78
08	大肠癌	QLICP-CR	46（14）	12	0.83	0.88/0.85	0.80
15	宫颈癌	QLICP-CE	40（8）	12	0.95	0.86/0.68	0.29
16	卵巢癌	QLICP-OV	42（10）	15	0.84	0.72/0.68	0.26

注：括号内为特异性模块的条目数，括号外为总量表条目数，包括 QLICP-GM 的 32 个条目、共性模块/特异性模块的 Cronbach's α 系数、SRM 标准化反应度。

目前，每年有数千篇文章涉及癌症患者的生命质量测定，且呈方兴未艾之势。笔者查 Medline，发现标题中有 quality of life 和 cancer 二词的文章在 1970～1979 年仅有 6 篇，在 1980～1989 年有 123 篇（平均每年 12.3 篇），在 1990～1999 年有 803 篇（平均每年 80.3 篇），在 2000 年后每年有 100 篇以上，而且呈快速增长的趋势。国内有关癌症患者生命质量的研究也越来越多，几乎各种常见癌症均有人研究。笔者查 CNKI，发现 1980～1989 年，标题中有生命质量（含生存质量、生活质量）和癌症的文献仅有 2 篇，1990～1999 年有 151 篇（平均每年有 15.1 篇），2002 年后每年有 100 篇以上（表 4-2）。

世界各国均非常重视癌症患者的生命质量研究，几乎各种癌症患者的生命质量测定均有报道。表 4-3 给出的是在 Medline 和 CNKI 查阅截至 2017 年 12 月的常见癌症患者生命质量研究文献分布。可见，中外研究较多的是乳腺癌、肺癌、大肠癌、白血病等，肝癌、食管癌、胃癌、宫颈癌国内的研究远多于国外，主要是因为这些癌症在我国高发。

表 4-2 在 Medline 和 CNKI 查阅的有关癌症患者的生命质量研究文献分布

年份	Medline 标题中有 quality of life 和 cancer		CNKI 标题中有生命质量/生存质量/生活质量和癌症	
	文献篇数	（n%）	文献篇数	（n%）
1970～1979	6	（0.084）	0	（0.00）
1980～1989	123	（1.718）	2	（0.023）
1990～1999	803	（11.214）	151	（1.766）
2000	136	（1.899）	60	（0.702）
2001	153	（2.137）	92	（1.076）
2002	161	（2.248）	133	（1.555）
2003	206	（2.877）	125	（1.462）
2004	247	（3.449）	183	（2.140）
2005	251	（3.505）	192	（2.245）
2006	276	（3.854）	237	（2.772）
2007	319	（4.455）	244	（2.853）
2008	315	（4.399）	284	（3.321）

续表

年份	Medline 标题中有 quality of life 和 cancer		CNKI 标题中有生命质量/生存质量/生活质量和癌症	
	文献篇数	（n%）	文献篇数	（n%）
2009	320	（4.469）	332	（3.883）
2010	336	（4.692）	431	（5.040）
2011	386	（5.390）	483	（5.648）
2012	456	（6.368）	598	（6.993）
2013	535	（7.471）	650	（7.601）
2014	512	（7.150）	778	（9.098）
2015	518	（7.234）	1092	（12.770）
2016	537	（7.499）	1245	（14.560）
2017	565	（7.890）	1239	（14.490）
合计	7161	（100）	8551	（100）

注：括号中的数字为各项文献数占所查总文献数的百分比。

表 4-3 在 Medline 和 CNKI 查阅的常见癌症患者生命质量研究文献分布（截至 2017 年 12 月）

编号	癌症	Medline 标题中有 quality of life 和 cancer		CNKI 标题中有生命质量/生存质量/生活质量和癌症	
		文献篇数	（n%）	文献篇数	（n%）
01	头颈癌	393	（8.455）	15	（0.272）
02	脑癌	25	（0.538）	28	（0.508）
03	鼻咽癌	49	（1.054）	237	（4.297）
04	肺癌	573	（12.328）	1209	（21.918）
05	乳腺癌	1376	（29.604）	1316	（23.858）
06	食管癌	58	（1.248）	381	（6.907）
07	胃癌	116	（2.496）	595	（10.787）
08	大肠癌	318	（6.842）	110	（1.994）
09	肝癌	11	（0.237）	514	（9.318）
10	胰腺癌	53	（1.140）	43	（0.780）
11	膀胱癌	89	（1.915）	127	（2.302）
12	肾癌	7	（0.151）	18	（0.326）
13	前列腺癌	879	（18.911）	104	（1.885）
14	睾丸癌	32	（0.688）	0	（0.000）
15	宫颈癌	113	（2.431）	414	（7.505）
16	卵巢癌	139	（2.991）	152	（2.756）
17	子宫内膜癌	50	（1.076）	51	（0.925）
18	白血病	174	（3.744）	160	（2.901）
19	淋巴瘤	121	（2.603）	42	（0.761）
20	多发性骨髓瘤	72	（1.549）	0	（0.000）
	合计	4648	（100）	5516	（100）

注：括号中的数字为各项文献数占所查总文献数的百分比。

从研究内容看，除量表研制、修订方面的研究外，国内外学者进行更多的是应用方面的研究，主要包括抗癌药物疗效评价、治疗和干预方法（方案）评价、影响因素和预后因素分析等研究，少数为探讨影响癌症患者生命质量遗传因素的研究。

第二节　癌症患者生命质量测定工具

生命质量测定的关键是研制测定工具——量表，因此对癌症患者生命质量测定量表的研制成为了重要的任务。几乎所有比较著名的量表均出自癌症领域。总的说来，用于癌症领域的量表可分为三类：一是一般普适性量表，二是癌症专用普适性量表，三是癌症特异性量表。

一、一般普适性量表

一般普适性量表并非针对癌症患者开发，而是针对一般人群开发的，是各种人群和疾病均能使用的量表，主要反映被测者的总体生命质量。这些量表一般具有知名度高、应用广泛的特点，因此也常被用于癌症患者的生命质量测定中，可单独使用或作为辅助工具与其他量表一起使用。用于癌症领域的一般普适性量表主要有 EQ-5D、WHOQOL-BREF、疾病影响程度量表（sickness impact profile,SIP）、SF-36、QWB、NHP 等（详见第二章）。

二、癌症专用普适性量表

一般普适性量表的共同优点是，不需要多种测量工具就可测出干预因素对生命质量各个方面的作用，节省了医生和患者的时间，该类量表是为多种条件下的应用而设计的，故可用于比较各种疾病的干预因素。缺点是不能集中于生命质量某些方面的测量（尤其是缺乏有关疾病症状和治疗副作用），广泛而不集中，可能导致测量工具不敏感，会遗漏某些对生命质量有特殊意义的改变，从而难以适用于临床，为此，最好开发专门针对癌症患者的量表。这类量表又分两类：一类是适合各种癌症患者使用的量表（即癌症专用普适性量表），它实际上测定了癌症患者生命质量的共性部分；另一类是针对特定癌症（如肺癌）患者的量表，即癌症特异性量表。

常见的癌症专用普适性量表有以下 6 个：

1. 癌症患者生活功能指标（functional living index-cancer，FLIC） 由加拿大的 Schipper 等研制，用于癌症患者生命质量的自我测试，也可作为鉴定特异性功能障碍的筛选工具，包括躯体良好和能力（physical well-being and ability）、心理良好（psychological well-being）、因癌症造成的艰难（hardship due to cancer）、社会良好（social well-being）和恶心（nausea）5 个领域，22 个条目，每个条目的回答均在一条标有 7 个刻度的线段上划记，根据所划的位置即可得到条目得分。

2. 癌症康复评价系统（cancer rehabilitation evaluation system，CARES） 由 Schag 等 1990年负责研制，包括 139 个项目，可用于全面评价癌症患者生命质量。1991 年作者将其简化为含 59 个项目的简表（CARES-SF），简表包含躯体、心理、医患关系、婚姻和性功能 5 个主要方面。

3. 欧洲癌症研究与治疗组织（EORTC）**的生命质量核心量表**（QLQ-C30） 用于所有癌症患者的生命质量测定（测定其共性部分），在此基础上增加针对不同癌症的特异性条目（特异模块），即构成不同癌症的特异性量表。QLQ-C30（V3.0）含 30 个条目，可分为 15 个领域（domain）或亚量表（sub-scale），分别是 5 个功能领域（躯体、角色、认知、情绪和社会功能）、

3 个症状领域（疲劳、疼痛、恶心呕吐）、1 个总体健康状况/生命质量领域和 6 个单一条目（每个作为一个领域）。在这 30 个条目中，条目 29、30 分为 7 个等级，根据其回答选项，计为 1～7 分；其他条目分为 4 个等级：从没有、有一点、较多、很多，评分时，直接评 1～4 分。为了使得各领域得分能相互比较，进一步采用极差化方法进行线性变换，将原始分化为在 0～100 内取值的标准化得分（SS）。

万崇华通过在 226 例恶性肿瘤患者中进行的生命质量测定对 QLQ-C30 中文版的应用效果进行了评价，结果表明：15 个领域的重测信度均在 0.73 以上；各领域内部一致性信度的 α 值均在 0.5 以上；各条目与其领域的相关系数 r 值均在 0.5 以上；从 30 个条目中提取了 15 个因子，累计方差贡献率为 84.7%，该量表在入院治疗 4 周后基本上能够反映出患者生命质量的变化。

4. 癌症治疗功能评价系统一般量表（FACT-G） 是由美国西北大学转归研究与教育中心的 Cella 等研制的癌症治疗功能评价系统，其核心就是一般量表，也称共性模块，FACT-G 在整个体系中起着关键作用，各种癌症患者的生命质量测定均需使用，既可以与各特异性模块结合使用，也可以单独使用测定各癌症患者生命质量的共性部分，因而可用于各种癌症患者的生命质量测定。

1997 年推出的第 4 版 FACT-G（V4.0）由 4 个领域 27 个条目构成：生理状况 7 条（编码为 GP1～7）、社会/家庭状况 7 条（编码为 GS1～7）、情感状况 6 条（编码为 GE1～6）和功能状况 7 条（编码为 GF1～7）。各条目均采用 5 级评分法，在评分时正向条目直接计 0～4 分，逆向条目则反向计分。将各个领域所包括的条目得分相加即得到该领域的得分。

万崇华通过在 552 例恶性肿瘤患者中进行的生命质量测定对 FACT-G 中文版的应用效果进行了评价，结果表明：4 个领域的重测信度均在 0.85 以上；各领域内部一致性信度的 α 值均在 0.8 以上；各条目与其领域的相关系数 r 值均在 0.5 以上；27 个条目中提取了 4 个因子，累计方差贡献率为 65.8%。该量表在入院治疗 4 周后基本上能够反映出生命质量的变化。因此 FACT-G 中文版具有较好的信度、效度及反应度，可用于中国癌症患者的生命质量测定。

5. 中国癌症化疗患者生活质量量表（QLQ-CCC） 是由罗健、孙燕等研制的中国癌症化学生物治疗生活质量量表，由 35 个条目构成，分为躯体方面（16 条）、心理方面（5 条）、社会方面（5 条）和其他方面（9 条）4 个领域，可用于采用化学生物治疗的各种癌症患者生命质量的测定。

6. 癌症患者生命质量测定量表体系共性模块（QLICP-GM） 癌症患者生命质量测定量表体系是万崇华等从 1997 年开始研制的具有中国文化特色的量表体系[4]。其中 QLICP-GM 是各种癌症患者均能使用的共性模块，可以单独使用，也可与特异性模块结合使用。第 1 版的 QLICP-GM 含 4 个领域 32 个条目（其中躯体功能 7 条、心理功能 12 条、社会功能 6 条、共性症状及副作用 7 条）。第 2 版的 QLICD-GM 含 4 个领域、10 个侧面、32 个条目。

三、癌症特异性量表

癌症特异性量表仅针对某种具体的癌症患者。其中，最著名的是欧洲 EORTC 的 QLQ 和美国 FACT 两个系列的癌症量表。它们均是采用共性模块与特异性模块相结合的方式形成的针对各种特定癌症的特异性量表。我们自主开发的 QLICP 系列也具有 QLQ 和 FACT 系列的特点，具有中国的文化特色且结构更合理、层次更清晰。各个量表具有结构明确、层次清晰（条目→小方面→领域→总量表）及可在不同层面进行分析的优点，既可以做粗放的分析（领域和总量表层面的分析），也可以做深入精细的分析（小方面层面的分析），以便进一步发现变化和差异在哪里。

此外，一些研究者独立研制了一些癌症的特异性量表，如肺癌症状量表（Lung Cancer Symptom Scale，LCSS）、肝癌的 QLQ-LC 量表、宫颈癌量表及华盛顿大学头颈癌问卷（UWQOL）等。

为了便于查询，我们将一些主要癌症的常见生命质量测定特异性量表（名录）归纳于表 4-4，详细介绍参见相关专著[4]。

表 4-4　主要癌症的常见生命质量测定特异性量表概览

编号	疾病	特异性量表（名录）
01	头颈癌	QLICP-HN、FACT-HN、QLQ-HN35、UWQOL、MDADI、Terrell、HNRQ、QOL-RTI
02	脑癌	QLICP-BN 、FACT-Br、QLQ-BN20
03	鼻咽癌	QLICP-NA、FACT-NP、QLQ-NPC42、QOL-NPC13、 SQOL-NPC、刘丹萍康复期鼻咽癌患者 QOL 测评量表
04	肺癌	QLICP-LU、FACT-L、QLQ-LC13、LCSS、MDASI 肺癌模块、Geddes 肺癌日记卡、蔡映云肺癌患者生活质量评估表、上海胸科医院中国肺癌患者生命质量评定表、肺癌患者生命质量量表、陆舜中国人肺癌生存质量评价表、王秋樵肺癌患者生命质量调查表、《中药新药临床研究指导原则》原发性肺癌症状分级化量表、莫陶欣肺癌患者生命质量问卷
05	乳腺癌	QLICP-BR、FACT-B、QLQ-BR23、IBCSG-Ql、BCCQ、GQOLI 乳腺癌症状维度分量表、张春森乳腺癌 PRO 量表、张珺乳腺癌术后中医 PRO 量表、乳腺癌患者生命质量测定量表
06	食管癌	QLICP-ES、FACT-E、QLQ-OES24、 QLQ-OES18、GERDyzer、GSRS、QOLRAD、ReQust、RQS、何湛食管癌生存质量问卷调查表、田智等设计的食管癌生命质量测定量表、付茂勇等设计的食管癌专用量表、何湛等设计的食管癌测定量表
07	胃癌	QLICP-GA、FACT-Ga、QLQ-STO22、QLASTCM-Ga、赵芬等设计的胃癌 PRO 量表
08	大肠癌	QLICP-CR、FACT-C、QLQ-CR38、QLQ-CR29、QOLI-RCP、QLQ-LMC21、LRQOL、刘丹萍肠癌患者康复期生命质量测定量表
09	肝癌	QLICP-LI、FACT-Hep、QLQ-HCC18、QOL-LC、FLIC
10	胰腺癌	QLICP-PA、FACT-Pa、QLQ-PAN26
11	膀胱癌	QLICP-BL、FACT-Bl、QLQ-BLS24、QLQ-BLM30、StomaQOL、COH-QOL-OQ、Kristensen 泌尿造口自我护理量表
12	肾癌	FKSI-15、FKSI-DRS、QOL-RT、WSFQ、Body Image 问卷、吴飞等设计的生命质量量表、刘卫等设计的肾癌根治术后患者生命质量调查评定表
13	前列腺癌	QLICP-PR、QLQ-PR25、FACT-P、PCI、EPCI、PORPUS、EPIC-CP、PROSQOLI、BSP-P
14	睾丸癌	QLQ-TC26、CAYA-T
15	宫颈癌	QLICP-CE、FACT-Cx、QLQ-CX24、QLS-CCP、LiC 等设计的宫颈癌生命质量量表、韩萍等设计的宫颈癌生命质量量表
16	卵巢癌	QLICP-OV、FACT-O、QLQ-OV28、韩萍等设计的卵巢癌生命质量量表
17	子宫内膜癌	QLICP-EN、FACT-EN、QLQ-EN24、韩萍等设计的子宫内膜癌生命质量量表
18	白血病	QLICP-LE、FACT-BRM、FACT-Leu、LIP
19	淋巴瘤	QLICP-LY、QLQ-CLL16、FACT-An、淋巴瘤患者生命质量测定量表
20	多发性骨髓瘤	QLQ-MY24、QLQ-MY20、QOLI-74、陈晓欢等设计的多发性骨髓瘤生命质量量表

注：EORTC QLQ 量表系列测定时需同时使用 QLQ-C30。

（万崇华）

第五章 生命质量的遗传基础研究概况

第一节 生命质量的遗传基础研究现状

生命质量作为高度综合的主观感觉与体验性评价指标，其影响因素及作用机制亟须研究。很多学者对生命质量的影响因素进行了探讨，但总的说来，目前报道较多的是一般人口学特征（如性别、年龄、文化程度）等宏观因素对生命质量的影响，针对微观临床指标和实验指标的研究则很少，尤其缺乏分子遗传机制方面的研究、宏观环境因素与遗传因素结合的研究。

近年来，一些学者研究发现生命质量（幸福感）除了受宏观环境因素影响外还具有一定的基因基础。例如，美国明尼苏达大学 Lykken 等的研究显示：在同一家庭长大的同卵双生子的幸福相关率是 44%，但异卵双生子的相关率则只有 8%，综合来说，幸福感有 40%～50% 是由遗传决定的。行为遗传学已经发现了不少影响性格的遗传基础，如瑞典一项对 4987 对双生子的研究发现，同卵双生子外向性的相关系数是 0.51，而异卵双生子的相关系数是 0.21，外向性的遗传率为 0.60。显然，性格特质也会影响到生命质量。Raat 等采用较大规模的队列研究和全基因关联分析等方法证实了母亲和孩子的生命质量与基因相关；Yang 等发现晚期非小细胞肺癌患者的生命质量总分及生理、功能和情感维度得分与谷胱甘肽代谢基因（*GPX1-CC*）有关；Schoormans 等通过候选基因研究法发现 EORTC 癌症核心量表 QLQ-C30 中的认知功能维度与 *GSTZ1* 基因的 SNP rs1468951 高度相关，且与该基因的 11 个单核苷酸多态性（SNP）的联合效应相关；Nes 等的研究显示生命质量中的某些领域（如情绪、疲倦、自测健康）的遗传度估计值达到了 40%～50%，高于很多疾病的遗传度；Rausch 等发现肺癌患者的生命质量与细胞因子基因（cytokine gene）SNP 有关。此外，Meyer 等研究了转化生长因子 β 基因（transforming growth factor beta1 gene，TGFβ1）与前列腺癌的发生风险及生命质量的关系；Tercyak 等研究了 *BRCA1/BRCA2* 基因测试与乳腺癌患者生命质量的关系；陈象逊等研究了晚期非小细胞肺癌含铂方案化疗疗效与 DNA 修复酶 *XRCC1* 基因多态性的相关性及对患者生命质量的影响；苏琪等探讨了 *MTS1/p16* 基因失活与大肠癌的发生及患者生命质量的关系。

癌症是受基因与环境交互作用的复杂性状疾病，已经有大量文献涉及基因与环境交互作用的方法学研究并发现了很多易感基因，如江军仪等报道了乳腺癌基因环境交互作用的研究进展，宋韶芳等探讨了 TNF-α 308 位点基因多态性与环境因素在肝癌发生中的交互作用。可以预计，影响癌症进展和个性心理（如情绪、意志）等方面的基因会影响患者的生命质量，但目前基因-环境及其交互作用是如何影响癌症患者生命质量的相关研究尚处于起步阶段，仅有少量研究报道。特别重要的是，Spranges 等组织了一个称为基因-生命质量联盟（GENEQOL）的跨国家的多学科组织，专门开展生命质量的遗传基础及其与环境的交互作用的研究，他们提出了一个环境因素与遗传因素相互作用进而影响生命质量不同维度（如症状、功能、总体健康）并最终影响生命质量总得分的作用机制模型，但这个作用机制模型是否成立及不同癌症的基因与环境如何交互作用有待深入探讨。

尽管有了一些研究，但总的说来，直接涉及生命质量遗传的基础研究非常少，查阅 PubMed，标题中有 quality of life 与 gene 的文章仅有 21 篇、有 quality of life 与 genetic 的文章仅有 38 篇（截至 2018 年 9 月）。多数研究涉及的是性格、情绪的遗传基础及疾病发生发展的遗传基础。

第二节 一般人群生命质量的遗传基础

一、生命质量相关基因

生命质量测定作为一种较新的健康测量和评价技术，其构成包括了身体状态、心理状态、社会适应能力及对环境的主观满意度等各方面。

在现代生活中，生活节奏的加快、生存压力的增大、生活不规律、忽视体育锻炼及不良情绪刺激等，均可能为现代人生理、心理带来负面影响，从而严重影响人们的生命质量。对于基因是否影响一般人群的生命质量，国内外研究目前还比较少。

生命质量与下丘脑-垂体-肾上腺轴、免疫系统、神经内分泌系统和心血管系统有着某种关联。一些研究者认为，人类的性格如乐观、开朗能够通过基因遗传，那么依此类推，幸福感也能通过基因来遗传。研究显示基因对于人的性格和幸福感是有相当影响的，开朗、遇事冷静、可靠等性格能使人"有效储存"幸福感，当这些人遭遇压力时，这些"储存"的幸福感就会被释放从而帮助他们克服压力、改善生命质量。Bartels 对含 55 974 个样本的人群进行关于遗传与生活满意度、生命质量等的荟萃分析，发现生活满意度的遗传率为 32%，因此遗传效应对生活满意度、健康、幸福感及生命质量是有相对影响的。Roysamb 等使用满意度生活量表（satisfaction with life scale，SWLS）对挪威的 2136 对双胞胎进行问卷调查，发现生活满意度的异常性为 0.31（0.22～0.40），其中 65%可由人格相关的遗传影响解释，因此遗传因素在其中起着重要作用。2009 年基因-生命质量联盟（GENEQOL）成立，目的是确定生活机制、基因和遗传变异是否参与影响生命质量。Schoormans 等使用 EORTC QLQ-C30 量表来调查 5142 名有相似背景的瑞典健康女性的生命质量，并通过文献检索筛选了与健康女性的生命质量相关联的 139 个候选基因进行研究，发现 *GSTZ1* 基因多态性与认知领域的得分相关联，可能是因为 GSTZ1 通过谷胱甘肽氧化还原循环促进多巴胺与其神经毒性代谢物的平衡。同时，Schoormans 等针对 5142 名健康女性的测量中使用 SNP 的定制阵列对受试者进行基因分型，将每个基因内的 SNP 与生命质量的组合效应相关联，发现生命质量和遗传变异（即个体 SNP 和基因）的关联均未达到 Bonferroni 校正显著性水平[14]。

生活质量可以被视为对人类功能不同方面的主观评估，而人格是决定个体采取行动及以特定方式感知现实的一个因素。因此，人格可能影响生命质量评估的假设也是合理的。Jurczak 等使用抑郁症状的 Beck 抑郁量表、Blatt-Kupperman 更年期指数和人格结构五因素模型等方法来调查波兰的 272 名绝经后妇女，并用聚合酶链反应鉴定 DNA 多态性，发现绝经后妇女的人格、更年期及抑郁症状的严重程度都与 5-羟色胺转运蛋白（5-HTT）和单胺氧化酶 A（MAO-A）多态性相关[15]。

二、情绪人格相关基因

生命质量反映患者的生理、心理及社会健康等多个方面的状况。异常情绪状态的产生和变化涉及一系列复杂的神经生物化学改变，而个体基因所决定的遗传特征是其物质基础之一。人的体能、精神状态、情感、情绪反应能影响生命质量，是生命质量研究所关注的特征。因此，推测相关的基因多态性可能与生命质量有关。研究较多的是多巴胺、5-羟色胺（5-HT）和去甲肾上腺素相关的基因：

1. 多巴胺相关的基因　由多巴胺 D4 受体基因（*DRD4*）介导多巴胺的突触后活性，参与认知功能和情感、情绪反应。*DRD4* 基因编码多巴胺 D4 受体，定位于人第 11 号染色体短臂 1 区 5 带 5 亚带（11p15.5），介导多巴胺的突触后活性，广泛分布于脑的各个区域，包括大脑前额皮质、内皮质、尾状核、伏隔核、小脑、黑质致密部等多个部位。作为一种神经递质，多巴胺能够影响脑部的精神、情绪。目前有一种观点认为，中脑-大脑皮质、中脑-边缘叶的多巴胺能通路积极参与人的精神和情绪活动，而一旦脑部多巴胺分泌异常，人的精神就会迅速异常。

2. 5-HT 相关的基因

5-HT 是人体内重要的神经递质，与一系列精神行为问题（如睡眠障碍、攻击性行为和伤害性知觉）有关，同时也与许多精神障碍（如焦虑症、情绪障碍、强迫障碍和自闭症）有关。它从突触前膜释放入突触后膜，一方面作用于 5-HT 受体，另一方面通过突触前膜上的 5-HT 转运体被重摄取。5-HT 转运体基因越长，释放和回收 5-HT 的效率越高，因此 5-HT 在突触活动的调节中发挥着重要作用。在成人大脑中，5-HT 能神经元弥散投射到大脑许多区域（如皮质、杏仁核、海马）并在许多神经活动中起重要的作用，如在情绪整合、认知、动机、疼痛、昼夜节律、神经内分泌（包括摄食、睡眠、性活动）等功能中发挥作用。5-HT 转运体在 5-HT 能神经递质传递的微调中起关键作用，其基因上有两个重要的多态性位点，一个为促进子区的多态性重复序列 5-HTTLPR，另一个为内含子 2 区的可变数目串联重复序列，这两种基因多态性可能由于参与 5-HTT 的转录调节或与某种未知基因的连锁而与情感障碍、人格特征等相关。

5-HT 是人体内重要的神经递质和调节物，广泛分布于人的各个组织器官中，5-HT 通过与其特异性受体相互作用而对这些组织器官起着重要的调节作用。同时，5-HT 还参与冲动、攻击性等情绪活动。经研究，5-HT 与焦虑症、强迫症和精神障碍等都有一定的关系。

5-HT 的活动受到 5-HT 转运体的控制。5-HT 转运体可转运释放 5-HT 到细胞中，用于降低 5-HT 代谢率和再循环。正常情况下，5-HT 转运体通过调节 5-HT 作用于其受体的量和时间来调控脑区神经元信息传递的正常活动。5-HT 转运体基因控制着 5-HT 转运体的表达，从而控制着人类的情绪。5-HT 转运体基因位于 17q11。在 1～12 号染色体上，其转录启动部位 1kb 处有一个 44kb 的插入和缺失，从而形成 L 型和 S 型两种等位基因，构成 L/L、L/S 和 S/S 三种基因型。S 型基因相对于 L 型基因具有较低的转录活性，导致 5-HT 不能够快速回收，从而使 S 型基因携带者焦虑症、情绪障碍、强迫症的发生率较高。

色氨酸羟化酶（tryptophan hydroxylase, TPH）作为 5-HT 合成过程中唯一的限速酶，生理活性和表达水平直接影响着 5-HT 的合成量，是 5-HT 合成的关键因素。TPH 功能的增强或减弱影响着 5-HT 在中枢神经系统中功能的实现，甚至可以作为衡量 5-HT 能神经元功能的一个特异性标志。TPH-2 作为其亚型之一，主要存在于脑干中缝核的 5-HT 能神经元及外周的肠肌间神经元中，控制着中枢神经系统中 5-HT 的合成。因此，其活性的改变也是相关精神疾病发病的重要原因之一。

5-HTT 作为一种对 5-HT 有高度亲和力的跨膜转运蛋白，通过再摄取突触间隙的 5-HT，直接影响突触间隙 5-HT 的浓度及受体介导的时间，并间接反映神经末梢的数量，从而在 5-HT 神经元传递的微调中起关键作用。多项动物实验和临床研究都证明了 5-HTT 与抑郁的关系，且有研究表明，这可能与其基因多态性有关。因此，5-HTT 通过影响中枢神经系统内 5-HT 的再摄取而影响 5-HT 功能的发挥。

第三节　慢性病与癌症患者生命质量的遗传基础

已有一些文章直接探讨慢性病和癌症患者生命质量的遗传基础。如 Katsumata 等利用 SF-36 量表探讨肠易激综合征（IBS）患者生命质量与基因的关系，发现 TPH1 rs211105 T/T 基因型与躯体健康和心理健康领域得分相关；5-HTTLPR l/s 与情绪健康领域得分相关；5-HT 基因多态性影响患者生命质量[16]。有学者研究发现 IBS 患者生命质量与丝氨酸羟化酶基因多态性存在关联性，表明患者生命质量是受相关基因影响的。Jun 研究了女性 IBS 患者生命质量与基因的关系[17]，结果显示 TPH1 基因多态性与 IBS 相关认知有关联（rs4537731 和 rs21105），且与生命质量相关（rs684302 和 rs1800532），尤其是在心理健康与精力领域。针对基因与生命质量在临床治疗方案的选择上，Adetunji 等的研究提示 d3/fl 生长激素受体基因多态性在使用重组生长激素替代治疗患者中与正常对照组中无差异，且两组生命质量无差异。在癌症领域相关文献报道相对多一些，如 Rausch 和 Ramsey 的研究发现疾病的关联基因对生命质量有一定的影响，尤其对心理、社会功能领域有影响。癌症领域也在探讨基因疗法能否提高患者的生命质量。Alexander 等选取了 16 个细胞因子候选基因，研究这些基因与前列腺癌等癌症患者及其家属生命质量得分的相关性，结果发现细胞因子基因的多态性能部分解释生命质量得分的个体差异[18]。随后，Alexander 等对生长因子基因与前列腺癌患者生命质量得分的关联性进行了研究，发现生长因子基因 SNP 与前列腺癌患者生命质量相关联[19]。

总的说来，这方面的研究还非常少，多数研究涉及的还是疾病的发生和发展。

一、疾病发生发展的遗传基础

关于疾病发生发展的研究非常多，几乎常见的慢性病和癌症都有涉及，如影响冠心病发生发展的 ApoE 基因（调节血脂、脂蛋白水平）、LTA 基因（编码淋巴色素、促进某些炎症细胞因子转录和释放）等。

影响高血压发生发展的易感基因有血管紧张素原（angiotensinogen，AGT）、血管紧张素转化酶（angiontensin converting enzyme，ACE）基因、醛固酮合成酶（aldosterone synthase，CYP11B2）基因等。其中，AGT 基因参与肾素-血管紧张素系统（renin-angiotensin-aldosterone system，RAAS）的多种内分泌调节过程，也是目前研究最多，最有代表性的血压调节候选基因。ACE 基因影响机体水钠代谢的平衡及醛固酮的分泌，ACE 基因异常可引起血管收缩异常、冠状动脉增生、心律失常等，是导致各种心血管疾病尤其是高血压的重要因素。

影响糖尿病发生和发展的基因有 KCNJ11、TCF7L2、SLC30A8 等。其中，KCNJ11 基因多态性相关的研究较多，功能也相对较明确，其机制是编码内向整流钾通道（Kir6.2）蛋白参与腺苷三磷酸（adenosine triphosphate,ATP）敏感钾通道（K_{ATP} 通道）的组成，而研究证实 Kir6.2 的基因突变与 2 型糖尿病相关。TCF7L2 基因是迄今为止发现的引起 2 型糖尿病易感性增加最为显著的基因。Shu 等发现，TCF7L2 的敲除能够导致胰岛 B 细胞凋亡、B 细胞增殖减少并抑制葡萄糖刺激的胰岛素分泌；相反，TCF7L2 基因的过表达能够保护葡萄糖和细胞因子诱导的凋亡并修复胰岛受损的功能[20]。

冠心病患者报告结局/生命质量可能受 ApoE、LTA、5HTT 和 5-HTR2A、2C 受体基因多态性的影响。ApoE 能够调节血脂，而血脂的异常是冠心病的危险因素，韩旭、欧阳涛、Song 证明了 ApoE ε4 等位基因是冠心病的危险因素；Ozaki 发现 LTA 是心肌梗死的危险因素；盛海辉认为，只有 *ApoE* 和 *LTA* 基因与冠心病存在相对比较确定的关联性，其他基因与冠心病的关联性均存在或多或少的争议。

与癌症发生发展的遗传基础相关的研究更多，其中有些基因对癌症的发生发展、转移及预后都有影响。

K-ras 基因定位于人体染色体 12p12.1，编码定位于细胞膜上的偶联蛋白，主要是将细胞生长、分化的信号从激活受体转导至蛋白激酶。*K-ras* 基因发生突变后，其编码的偶联蛋白就不能被灭活，进而刺激细胞的生长、分化，在各种恶性肿瘤如非小细胞肺癌、乳腺癌、胰腺癌等的发生发展中有着重要的作用。

p16 抑癌基因定位于人类染色体 9p21 上，参与细胞周期的调控，通过与细胞周期蛋白依赖激酶 4（cyclin dependent kinase 4，CDK4）、CDK6 结合，抑制其蛋白激酶的活性，从而抑制细胞增殖，能够控制细胞的生长分化。*p16* 抑癌基因的失活机制主要包括基因突变、纯合缺失及启动子区域的 5′-CpG 岛甲基化。Xiao[21]通过荧光定量甲基化分析了来自 60 个个体的 180 个样本中 *p16* 异常启动子甲基化，包括 30 位非小细胞肺癌患者和 30 个健康对照，发现 *p16* 异常启动子甲基化阳性率在肿瘤组织中所占比例为 86.66%，因此 *p16* 异常启动子甲基化与癌症的发生发展关系密切。

视网膜母细胞瘤基因 *Rb* 的抑癌基因定位于人类染色体 13q14 上，该基因与 *p16* 抑癌基因一样可调控细胞周期。其基因表达产物 Rb 蛋白与 P16、周期蛋白 D（cyclin D）、CDK4、P21、E2F 等参与细胞周期的调节，在细胞核中以失活的磷酸化和活化的脱磷酸化形式存在，抑制细胞从 G1 期进入 S 期，一旦 *p16* 异常表达，抑制作用消失，细胞不能维持正常的分裂和增殖，就会诱导肿瘤的发生发展。

Bcl-2 基因定位于 18 号染色体的 18q21.3 位置上，是一种原癌基因。该基因作为凋亡抑制基因，能够抑制肿瘤细胞的凋亡，延长细胞寿命，干扰 DNA 修复过程，增加了基因的不稳定性[22]。*Bcl-2* 基因在启动子区域仅存在一个 SNP 位点，即 Bcl-2-938（C>A，rs2279115），在这个位点上存在着 C/A 核苷酸的置换，从而影响肿瘤的发生发展。

微小 RNA（microRNA，miRNA）是一种天然存在于细胞内的非编码的、长度为 18～24 个核苷酸的内源性小 RNA 分子，在翻译阶段，通过靶向结合 mRNA 上特异性的结合位点 3′ 非翻译区（untranslated region，UTR），引起 mRNA 降解或翻译抑制，进而调控靶基因表达量。miRNA 参与细胞增殖、凋亡、分化、代谢等重要生物学进程的调控。

人类 *p53* 基因定位于 17 号染色体 p13 上，在正常情况下，*p53* 基因产物可防止细胞癌变，但突变型 *p53* 不仅没有抑制肿瘤的作用，还会成为一个致癌基因。基因突变可见于 50%以上的非小细胞肺癌，其突变热点主要在 158、248、273 等密码子上。一旦该基因失活，就会对肿瘤的形成、增殖、浸润及转移产生重大的影响，并且伴随肺癌分化程度的降低，*p53* 表达异常也越显著。

Beclin1 基因定位于人类染色体 17q21 上，是参与自噬的特异性基因，主要通过与磷酸肌醇 3-激酶（phosphoinositide 3-kinase，PI3K）形成复合体从而调节自噬水平。恶性肿瘤转移的一个最重要的原因就是该抑癌基因发生杂合性缺失。有相关研究表明，自噬相关蛋白 Beclin1 的下调能导致自噬、凋亡、细胞恶性度增加，并促进肿瘤的恶化转移。

还有一些基因发生失活或突变能够引起各种癌症的发生和发展，如 *Parkin* 基因异常表达与卵巢癌、乳腺癌、子宫内膜癌、宫颈癌、胰腺癌、肾癌、肺癌、肝癌、结直肠癌、黑素瘤、胶质母细胞瘤、伯基特淋巴瘤（属 B 细胞非霍奇金淋巴瘤）、急性淋巴细胞白血病和慢性粒细胞白血病等癌症相关；端粒酶基因突变与神经胶质瘤、肝癌、膀胱癌、甲状腺癌、卵巢透明细胞癌和肾透明细胞癌等相关；视黄酸受体 β 基因启动子甲基化与前列腺癌、乳腺癌、肺癌、食管癌、甲状腺癌、膀胱癌、结直肠癌、恶性胶质瘤、鼻咽癌等相关；*XIAP* 基因能在乳腺癌、胰腺癌、肺癌、前列腺癌等肿瘤组织中广泛表达；*HIF-1α* 基因在卵巢癌、膀胱癌、输尿管癌、肾癌、胰腺癌、乳腺癌、结肠癌等肿瘤中均过度表达，且与较差的临床预后呈正相关；抗凋亡基因 *Bcl-2* 是从 B 细胞中首先被分离出来的原癌基因，表达的产物能够抑制淋巴细胞的凋亡，最终导致肿瘤发生。在鼻咽癌、喉癌、乳腺癌、淋巴瘤及皮肤良性和恶性肿瘤中都能检测出 *Bcl-2* 的产物；造血干/祖细胞的恶性肿瘤如慢性粒细胞白血病（chronic myelocytic leukemia，CML）的特异性染色体异位形成特征性 Ph 染色体及 *bcr/abl* 融合基因，由此导致的髓系增生及相应的临床症状使患者的生命质量严重下降；增加抗胸腺细胞球蛋白（ATG）为异基因造血干细胞移植（allo-HSCT）提供了多重的免疫调节通路和免疫抑制治疗方法，以此来帮助减少移植排斥及改善生活质量。

二、影响患者性格、情绪等特质的基因

前述影响一般人群的体能、精神状态、情感、情绪反应的基因显然也会影响患者，主要是多巴胺、5-HT 和去甲肾上腺素相关基因。

$β_2$ 肾上腺素能受体（ADRB2）是肾上腺素的重要靶标。肾上腺素是疼痛信号转导中的神经递质，是应激反应的主要中介。阻断 ADRB2 可降低人和动物的疼痛敏感性。Kushnir[23]等使用精神病诊断和健康相关生命质量（SF-36）等对 398 名受试者进行 ADRB2 多态性与健康相关生命质量相关性的评估，发现肾上腺素能受体基因多态性（如 rs1042713、rs1383914）与纤维肌痛和颞下颌关节疾病有关，位于 *ADRB2* 基因编码区的 SNP 显示与儿茶酚胺受体反应的改变及由儿茶酚胺诱导的受体内化所介导的受体表达改变有关，SNP 引起 ADRB2 亲和力增加，使得等位基因携带者对内源性儿茶酚胺更敏感。因此，肾上腺素能受体基因多态性可能会影响肠道症状严重程度、疼痛感的程度及健康相关生命质量。

此外，Rausch 等研究发现对于肺癌患者白细胞介素-6（interleukin 6，IL-6）SNP 与 SF-8 的心理健康和肺癌症状量表的生命质量相关，IL-6 SNP 与 SF-8 的情绪健康有关。

（万崇华）

第六章　抑郁症的神经电生理研究

第一节　抑郁症相关的脑网络

抑郁症相关的脑网络研究已成为近年来的热点之一。有研究通过采用特定任务刺激抑郁症患者，然后比对正常对照组的大脑活动，发现患者前额叶区域和杏仁核、下丘脑、海马等区域的活动异常。此外，有研究报道背内侧前额叶的活动改变与抑郁程度呈正相关，同时，壳核、尾状核等纹状体区域及内侧颞叶系统（如海马的激活程度）与自我相关的负性刺激反应相关。此外，有研究发现当给重度抑郁症患者展现出与自我相关的带有负性情绪的相关图片或文字描述时，前后默认模式网络的关键节点——后扣带回皮质和腹内侧前额叶皮质的激活降低。

目前来说，功能性磁共振成像（fMRI）技术广泛应用于脑静息态活动的研究领域。作为一个非侵入性的成像技术，基于血氧水平依赖性（BOLD）信号的 fMRI 探测神经元活动是通过局部脱氧血红蛋白相对含量的变化来推测大脑的神经活动。因此，该技术并不直接探测采集神经元放电活动，而是通过测量脑的氧代谢来间接评价神经活动。fMRI 具有很多优点，包括优异的空间分辨率和不错的时间分辨率、便于重复测量以满足诸多纵向设计的实验、能够提供多维信息的多模态融合技术等。

早期的任务态磁共振研究模式主要是通过比对大脑任务执行和不执行阶段活动强度的变化，定义出大脑"激活"的概念，从该角度来探讨精神分裂症患者不同脑区的异常激活，尽管很有成效，但是也存在很多缺点。例如，脑区激活的程度非常依赖于受试者在执行任务时的态度、配合程度及被执行任务的难易程度。尤其是一些精神疾病患者无法完成较为高级的实验任务，而一些初级实验任务的完成情况也易受到患者病情程度的影响。而大脑的静息态被认为是一种特殊的脑活动状态，表明大脑在没有进行特别的任务或接触外界信息刺激时的基线状态（即为一种保持清醒状态下的休息）。因此，静息态磁共振研究不仅降低了数据采集难度，还可对某些难以配合的患者进行研究，且减少了受试者主观因素对大脑功能活动的影响。相较于任务态，静息态所反映的脑部活动可能更接近脑活动"常态"，具有更好的临床价值。默认模式网络的发现说明显然需要额外的方法来研究大脑的内在网络（包括但不限于默认模式网络）。这种大规模的网络可以通过研究静息态下的 fMRI BOLD 信号中自发振荡（即噪声）的空间相干模式来揭示。

fMRI 的一个突出特点是将研究人员数据平均以增加信号并降低原始 BOLD 信号中存在的大量噪声。如 Biswal 和同事首次在人类躯体运动系统的研究所示，相当一部分的这种噪声在已知的脑系统中表现出惊人的连贯性模式。当 Michael Greicius 和其同事考虑默认模式网络中的相干模式时，这一现象的意义强烈地吸引了他们的注意，他们将感兴趣区域放置在后扣带回皮质或腹内侧前额叶皮质所得到的时间-活动曲线在整个默认模式网络中再现了相干模式。

到目前为止，在人类大脑的静息态脑网络中，有三个已被证实和高阶认知功能及异常有关系，因此这里使用"核心"一词来定义这三个神经认知网络。它们分别是默认网络、中央执行网络和突显网络。在对许多精神疾病患者的研究中发现，他们的突显网络、中央执行网络和默认网络异常，网络间连接受损。该模型认为异常的突显信息侦测功能及受损的内外源性信息映射功能可能是导致精神疾病的重要原因。重要的是，三核心网络模型有助于进一步探索精神病理学中的认知障碍和大脑网络特征的关系。尽管这些网络已经被证实为静息态基本网络，然而从精神病理学角度来看，众多问题仍需解决，如探索正常或异常的网络节点，研究静息态、特定任务下异常的网络间信息加工关系；更重要的是探索在不同精神疾病中网络间的交互作用和动态转换关系。

第二节　重复经颅磁刺激干预方法

到目前为止，对于难治性抑郁症的治疗方法仍在探索之中。深部脑刺激（deep brain stimulation, DBS）和电休克等方法虽具有一定的疗效但创伤性较大，而无创、耐受的脑部物理刺激疗法为难治性抑郁症的治疗提供了新的希望。重复经颅磁刺激（repeated transcranial magnetic stimulation，rTMS）是目前最受关注的脑部刺激技术。rTMS 可以有效扰动脑网络，低频刺激可以抑制大脑皮质功能，高频刺激可以兴奋大脑皮质功能。rTMS 已被广泛应用于神经精神疾病的临床研究和治疗中。美国 FDA 已于 2008 年批准 rTMS 用于临床治疗难治性抑郁症。但对不同重度抑郁症 rTMS 进行研究，治疗效果不尽一致（15%～62%）[24]。研究表明刺激靶点的精确性和有效性对 rTMS 治疗有重要影响[25]。因此，基于难治性抑郁症动机性快感缺失脑网络模型，提高靶点精确性和有效性对 rTMS 难治性抑郁症临床治疗具有重要意义。

rTMS 靶点定位精确性会直接影响治疗效果。已有 rTMS 定位方法包括美国 FDA 批准的 rTMS 治疗难治性抑郁症的左侧 dLPFC 定位方法（常称为"5cm"定位法）和国际 10-20 电极帽定位方法。这两种方法定位粗糙、没有考虑到个体差异。研究发现 1/3～2/3 的受试者实际定位偏出左侧 dLPFC。而且左侧 dLPFC 包含左侧背侧额上回和额中回的大部分区域。

同一坐标在不同个体可能对应不同的功能子区。rTMS 仅能刺激 $2cm^2$ 左右的皮质区域。刺激不同的功能子区，可能得出不同的研究结果。dLPFC 是动机性快感缺失的皮质节点，已有的相关研究结果并不一致。一个基于"5cm"定位法的研究发现左侧 dLPFC 上的 10Hz 高频 rTMS 刺激增加了对奖励刺激的反应[26] 而另一基于 10～20 电极帽定位方法的研究并未发现 10Hz 高频 rTMS 刺激左侧 dLPFC 可改善难治性抑郁症的快感缺失症状[27]。因此，探索更精确有效、个体化的刺激靶点是 rTMS 治疗难治性抑郁症的关键。Fox 等综合分析了 13 种精神神经疾病的深部脑刺激和 rTMS 研究，认为这两种治疗方案虽然刺激靶点不同，但这些有效的靶点都属于一个功能网络[28]。并提出通过有效的深部脑刺激靶点的静息态功能网络来寻找有效的 rTMS 靶点。

探讨更有效的新靶点是 rTMS 治疗难治性抑郁症的另一重要方向。眶额前脑皮质（OFC）是难治性抑郁症动机性快感缺失脑网络的关键皮质节点。基于动机性快感缺失的脑网络模型，OFC 处于自上而下调控过程的上游，对动机快感寻求的关键脑区 NAcc 具有直接的抑制作用[29]。研究者推测抑制 OFC 活动强度可以解除其对 NAcc 的抑制作用，增强 NAcc 至 dLPFC 的自下而上的驱动作用。因此，基于 OFC 在动机性快感缺失网络中的关键作用，低频 rTMS 抑制 OFC 区域活动可以更有效改善动机性快感缺失症状、扰动相应脑网络。已有研究发现，1Hz 低频 rTMS 刺激 OFC 可显著提高受试者对正性刺激的记忆能力。Fettes 等首次采用 1Hz 低频 rTMS 刺激右侧 OFC 来治疗难治性抑郁症，患者快感缺失症状明显改善，OFC 与双侧 NAcc 连接减弱。有研究表明 rTMS 刺激 OFC 区域已应用于强迫症、抑郁症等精神疾病的临床研究，且适用性已得到证明[30]。

rTMS 作为抗抑郁症发展中的"新星"，受到临床研究的广泛支持。自从美国 FDA 登记相关设备以来，rTMS 已被应用到临床实践中。在美国的许多州，联邦和商业医疗保险公司为严重抑郁症患者提供了 rTMS 治疗。标准 rTMS 疗程包括 20～30 次 rTMS 处理。相对于其他抗抑郁症策略，rTMS 的治疗效果很好。对没有有效抗抑郁症药物的严重抑郁症患者，rTMS 也有治疗效果。rTMS 比电惊厥治疗（electroconvulsive therapy，ECT）相对便宜。对于那些尝试过 2 种以上抗抑郁症药物失败的患者，rTMS 使其病情得到缓解，且 12 个月内复发的概率非常低。因此，当计算 rTMS 的成本时，应考虑到其他治疗没有效果的情况。此外，预期美国 FDA 会批准新的 rTMS 设备用于治疗抑郁症。临床实践中的其他经济因素可能会影响 rTMS 治疗的未来成本。

（全鹏）

第七章 积极评价的神经电生理研究

认识自我经常意味着了解自己好的方面。数十年的心理学研究发现，人们在评价自己时倾向于夸大自己积极的特质。这种过于积极的自我评价既可能带来好的结果，也可能会导致不良后果。然而，产生过于积极评价的动机和心理机制一直都处于争论中。很多研究者专注于探讨这种夸大的自我评价如何保护自尊和减轻焦虑。虽然自我保护是人的基本动机之一[31]，但是过分积极的自我评价也存在于自尊不受威胁的情况下。这些发现导致了这样的一个结论：过于积极的自我评价保护着自尊，不论自尊是否需要得到保护。另外一种解释是，当自尊在没有威胁的情况下，过分积极的自我评价的产生可能是一种自动化的认知启发（cognitive heuristic）[31]。最近的神经学研究显示，两种不同的自我评价中，乐观偏向的确是存在的。研究发现，当自我处于或没有处于自尊被攻击的情况下，两种处境下表现出来的神经活动是不同的，这种神经机制的不同意味着构成乐观偏向的心理机制不同。而这些社会神经学的发现也为研究自我评价提供了新的方向和思路。能够反思过去并把自我投射到未来中可能是人类特有的一种能力，人们可以在几乎所有场合不自觉地反思过去、计划即将到来的事情及思考他人的生活[32]。研究表明，默认网络在表征（represent）自我和他人中具有重要的作用。默认网络涉及反思自我的人格特质或思考自我概念（self-concept）和自尊而不是进行自我识别（self-recognition），也就是说，默认网络表征了自我的人格特质而不是物理特征[33]。当人们在理解他人或与他人进行社交活动时，默认网络的大部分区域也会被激活，虽然这些激活区域大部分与默认网络相重叠，但也有些激活区域来自网络外。

第一节 自我的概念和神经机制

Gillihan 和 Farah 根据自我知识（self knowledge）的概念，把自我区分为两个方面：身体自我（physical self）和心理自我（psychological self）。身体自我包括面孔识别、身体识别、控制（agency）和观点采择（perspective taking）。心理自我则包含了自传体记忆（autobiographical memory）、自我知识及对人格特质的自我参照加工（self-referential processing）。

一、心理自我与默认网络

当人们处于休息状态时，与任务相关脑区的激活水平会下降，与此同时，另外一些脑区的活动会增强并维持在一个很高的水平上，这些脑区组成的网络就被称作默认网络。默认网络的发现为理解自我带来了新的突破，研究者发现人们在进行自我反思的时候也激活了同样的脑区。当实验任务包括反思自己的人格特质或思考自我概念（self-concept）和自尊，而不是自我识别时，默认网络才被激活[34]。默认网络包括内侧前额叶皮质（medial prefrontal cortex，mPFC）、后扣带回皮质（posterior cingulate cortex，PCC）和部分的楔前叶（precuneus）、两侧的顶下小叶（inferior parietal lobule，IPL）及颞顶联合区（temporal-parietal junction，TPJ）周围的一些后部颞叶区域，除了这些核心区域，内侧颞叶（medial temporal lobe，MTL）和外侧颞叶（lateral temporal lobe，LTL）的海马（hippocampus）及相邻的区域及颞极（temporal pole，TP）都被认为是默认网络的一部分[35]。其中内侧前额叶皮质和后扣带回这些中间区域又被称为中线结构

（cortical midline structures，CMS）。默认网络可能是用来产生内部心理刺激，把注意转向研究者的意识流（stream of consciousness），因为当研究者把注意转向外部世界时，这些脑区的活动就会减弱。这些观点也得到了很多静息态试验和自省试验的支持[36]。内侧前额叶皮质（mPFC）被认为是"社会大脑"的一部分，用来表征自我和周围世界的其他人。最近的一项元分析把mPFC细分为腹侧（ventral）和背侧（dorsal）两个区域，腹侧的mPFC更多的是对自我作出反应，而背侧的mPFC则更多是对他人作出反应[37]。后扣带回与mPFC有很多相互连接，后扣带回连接起了很多皮质和皮质下的区域，因此被认为是一个联合皮质（association cortex），这就允许大脑能够整合内部和外部的信息。这种神经解剖学特征意味着，当研究者没有注意外部世界时，后扣带回能够产生向内关注和自发的刺激[38]。

二、自我是社会刺激

自我是一种特殊的加工机制吗？关于自我和他人的神经学研究不断证明，相对于思考他人或非社会刺激，反思自我需要默认网络的参与[34]。这些研究支持了"自我是一个特殊的认知结构"的观点。但另外一种观点认为，关于自我更好的记忆其实是因为人们对自我概念有更大的熟悉度。首先，Moran等认为，Greenwald和Banaji关于熟悉度的观点其实是不完整的，可能社会信息是特殊的，而自我只是一个普通但强大的社会知识结构[34]。其次，Heatherton提出mPFC是一个信息处理和交换的枢纽，结合了从各种感觉区域传达过来的信息，把信息整合起来并形成一个有意识的工作场所（conscious workplace）。再次，mPFC以一种元认知（metacognition）的方式进行思考，也就是说，mPFC决定着人们下一刻该思考什么。Moran等认为，熟悉度更高的社会目标（social target）更强地激活了腹部mPFC，而自我就是所有社会目标中最熟悉的。Van Overwalle的荟萃分析发现，认知推理任务并没有激活mPFC，只有当这些任务涉及描述人类和人类特质的时候，mPFC才会参与其中[39]。因此，非常有可能的是，认知推理在做社会推断的时候才会激活mPFC，而自我判断对mPFC的激活，意味着自我是一种社会属性的刺激。

第二节　自我评价的乐观偏向及心理机制

虽然人们有能力去准确地评估自己，但自我评价却总是呈现出一种偏离现实的现象。人们对自己的态度经常倾向于过于积极，这并不是说人们不能具备这些积极的品质，而是指人们的自我评价比现实的情况更积极[40]。人们认为自身的素质比其他人更优秀、自己的未来比其他人更有光明；跟实际能力相比，认为自身具有更大的能力；相信自己能够控制那些实际上无法控制的事情；跟外界评判相比，对自己的评价更高。这种乐观偏向也体现在不同年龄层和文化水平的人群中。更令人惊奇的是，人们甚至愿意通过打赌来证明这些不现实的积极信念是正确的，并希望别人也这么看待自己。心理学界对乐观偏向做了大量的探讨，虽然名称各不相同（如自我欺骗、自我提升、积极错觉、乐观偏向、过分自信等），但问题的本质大致都是关于自我如何高估自己的能力及未来[41]。事实上，这种自我评价的乐观偏向并不是一种纯粹的幻觉，这种信念跟现实紧密地联系在一起，但与客观的标准相比，对自己的评价却表现得过于积极。更重要的是，乐观偏向和自恋（narcissism）只存在微弱相关，这就意味着乐观偏向其实不是一种失调的自我评估。传统心理学中有两个主要的取向来解释过于积极的自我评价的动机和心理机制[40]。一个取向主要关注乐观偏向在保护自我时所起的作用，即如何维持和提高自尊，或如何减少焦虑和神经质；另一个取向主要关注有限的认知资源如何产生和支持这种积极的认知偏差。

一、自我评价的乐观偏向和自尊保护

过于积极的自我评价经常被认为是保护自尊或减轻焦虑的心理机制。大量证据表明，这种乐观偏向确实可以作为一种保护自尊的机制。在自尊受到威胁时，人们倾向于夸大自己的积极特质；而当自我肯定或确认（self-affirmation）时，乐观偏向的程度下降。这种自尊的影响在不同领域又是不一样的。例如，对人们某些人格特质的消极反馈促使他们夸大其他的人格特质。当自尊得到积极反馈的确认时，人们就不太可能去夸大他们在这方面的能力。最为有趣的是，人们在评价自己的社会赞许性及是否具备成功的能力时，所表现出来的乐观偏向最大。总的来说，这些发现表明，过分强调自己的积极特质可能反映了保护自尊的潜在动机。

这些现象引出了一个重要的问题，即人们是通过什么样的心理和神经机制来实现自我评价的乐观偏向。之前的研究主要关注的是乐观偏向如何保护自尊，但这并没有完全解释认知机制的本质[40]。事实上，这些研究认为乐观偏向是一种非常消耗认知资源的过程，也就是说，人们积极主动地寻找那些奉承谄媚的信息。这种观点认为过分积极的评价是由保护自尊的动机产生的，并通过一系列的执行功能来寻找和解读那些对自我有利的信息。

二、自我评价的乐观偏向和认知资源

与自尊保护需要消耗认知资源的观点不同，一些研究认为乐观偏向虽然在某种程度上是受自尊保护动机驱动，但积极的自我评价也产生于自尊不受威胁或没有焦虑的情况下。此外，这种观点认为乐观偏向的认知成本低。研究认为某些乐观偏向并不是为了维护自尊，而只是某种认知捷径（cognitive shortcut）的副产品，而这些认知捷径超越了自我评价，构成了标准的人类判断。例如，人们会在不需要自尊保护的领域展示出不现实的积极自我评价，特别是在社会比较和任务信心的判断中。当评估自己的能力是否能完成一项非常困难的任务时，大部分的人会展示出过于消极而不是积极的自我评价。研究者很容易得出的一个错误判断——消极偏差和乐观偏向毫无关系。但研究却显示，这两种判断确实来源于同一种认知过程。如果说消极偏差也是受保护自尊的动机所驱使，那么为什么这些现象对自尊没有影响或产生相反的作用呢？虽然这些发现很难融合到自尊保护取向中，但它却与判断和决策理论相一致。乐观偏向可能是认知判断的一个副产品，特别是在社会比较和对任务信心的判断中。大多数的人类判断都是低成本认知计算（low-cost calculation）和高成本认知计算的一种妥协的产物。判断中可以预测的偏差经常反映了对低成本认知的过度依赖，低成本认知计算倾向于利用那些现成的直觉上相关的信息来做出判断。在社会比较中，人们总是认为自己是更受欢迎的，因为他们更容易接触和提取关于自己的信息，不仅是因为人们给予自我相关的积极信息过高的权重，而且还因为人们会忽视甚至贬低他人的积极经历和特质。这些判断通常都是低认知消耗的，因为这些现象在认知负担（cognitive load）的情形下显得更明显，并且当人们把其他不易接触到的相关信息整合进来以后，乐观偏向不仅会消失，而且可能会转变成消极评价。

因此，与自尊保护取向相反，乐观偏向可以被看作人们对不完整信息过度依赖的一个例子。当信息过度强调自我的积极方面或消极方面时，自我评价倾向于以积极或消极的方式被夸大。总而言之，这些研究显示，社会比较的乐观偏向无法用自尊保护来得到很好的解释。而低成本的认知机制能够解释这种乐观偏向，甚至是消极偏差。

三、自我评价的心理模型：两个取向的整合

很多研究检验了自尊受威胁下的自我评价的乐观偏向，另一些研究则探索了认知负荷对其造成的影响。研究者在一个社会比较和任务信心的判断实验中同时操纵了自尊威胁和认知负荷两个变量。结果显示，自尊威胁并没有调节乐观偏向的认知损耗[31]。自尊威胁不会增加乐观偏向的认知损耗；在自尊受到威胁的情况下，认知负荷也没有减弱乐观偏向。受试者在面对自尊威胁时做出了不现实的、积极的社会比较，而不管他们的认知资源是否被转移到其他的任务上。

然而，这些证据并没有排除其他的可能性。可能性之一是，在面对自尊威胁的时候，自我的过高估计需要占用更多的执行功能，这种执行功能经过发展和从小到大的练习，已经变成了不需要占用过多资源的自动化加工，即使是认知负荷也并不影响这种自动化加工的进行；而在自尊没有受到威胁的情况下，人们可以使用任何认知捷径来产生乐观偏向。在这两种情况下，虽然认知损耗都很低，但是认知加工的复杂性却是不一样的。

第三节　自我评价的乐观偏向及神经机制

随着脑成像技术的发展，神经科学领域开始探索大脑如何加工自我相关信息。大量的研究显示，mPFC 在调节自我评价和评价他人中具有重要的作用，并且皮质内不同的区域负责对不同的社会评价做出反应。对自我评价的乐观偏向的研究表明，腹侧前扣带回皮质（ventral anterior cingulate cortex，VACC）和内侧眶额皮质（medial orbitofrontal cortex，MOFC）对社会认知中的动机因素（即如何被动机驱使着以特定的态度对待自我和他人）具有巨大的调节作用[40]。一直以来，社会认知（理解自我和他人及相互影响）的神经模型并没有加入动机因素，但是动机却是自我心理模型中的一个基本组成部分。

一、内侧前额叶皮质区分自我和他人评价

大量的研究表明，mPFC 在社会认知加工过程中具有重要的作用。研究发现，mPFC 调节着人对自我和对公众人物的评价，并且对自我具有最大的调节作用。这些研究表明 mPFC 的功能性区分对应着不同种类的评估。最近的元分析显示，mPFC 的调节作用并不仅限于自我，还包括对其他人的加工，其中腹部 mPFC（vmPFC）负责自我加工和对亲密他人的加工，背部 mPFC（dmPFC）负责对自我和非亲密他人进行加工。鉴于 mPFC 在自我加工和加工他人中的关键作用，理解 mPFC 在社会认知中的心理意义就显得非常重要了。研究表明，对自我评价的确定程度调节了 dmPFC 的激活程度[42]。dmPFC 还涉及评估社会认知以外的刺激，dmPFC 的激活程度取决于这些评估的确实性的高低。因此，对自我评价的更高的确定性导致了 dmPFC 更强的激活，而越强的激活则表示对自我和他人熟悉度区分更大的确定性[43]。vmPFC 主要调节自我评价和对亲密他人的评价，研究者们认为 vmPFC 表征了自我和亲密他人间的社会情感联系。而另有研究者却认为，虽然对亲密他人的评价会导致情感上的反应，但这同时也调用了长期储存下来的大量的认知表征，因此 vmPFC 更有可能是认知机制而不是一个情感机制[43]。总的来说，mPFC 在自我评价中的主要功能是认知作用，帮助自我区分亲密他人和其他人。

二、腹侧前扣带回和内侧眶额皮质调节动机因素

动机（自我保护、自我服务等）是自我加工心理模型中的一个核心要素，但神经学模型却一直对动机影响缺乏关注。最近的研究开始探索动机对自我评价的影响，研究发现 VACC 和 MOFC 调节着自我加工的动机因素[31]。具体来说就是：①当有机会以积极的方式来评价自我和他人时，VACC 可能调节着对信息自下而上的敏感度；②MOFC 可能调节着自上而下的动机影响。

（一）腹侧前扣带回：对信息自下而上的敏感度

VACC 调节着对实现乐观偏向信息的自下而上的加工[43]，也就是说，VACC 能够区分积极信息和消极信息，并使得积极信息能够服务自我的乐观偏向动机。VACC 监测着具有情感效度的信息。然而对社会认知的研究发现，VACC 的调节作用可能是基于动机来区分信息的效价，当人们评价认可的社会目标时（如自我、亲密他人），VACC 的激活很明显地区分了积极刺激（积极的人格特质或未来事件）和消极刺激（消极的人格特质或未来事件）[44]。当人们以积极的眼光评价他人的动机减弱时，VACC 的激活也就不太可能根据对他人的认可程度来区分这些刺激，也就意味着这时候人们对他人的评价趋近于中肯。以上的研究表明，VACC 能够识别效价信息用以积极地评价自我和他人，但是这种区分并没有导致成功的积极社会评价。以 VACC 作为种子点做功能连接，分析发现[43]，当人们对人格特质作社会比较时，VACC 和 MOFC 表现出了积极的共变关系，尽管这种关联的方向性无法确定。可能的结果是，VACC 负责分析社会评价的内容是积极特质还是消极特质，然后 MOFC 根据这些信息做出评价结果。

（二）内侧眶额皮质：对自上而下加工的动机影响

脑成像和脑损伤研究显示，当自尊未处于受威胁的状态时，MOFC 活动减弱与增强的乐观偏向相关[44]。脑损伤研究发现，MOFC 损伤的患者倾向于认为他们的社会行为是积极的，并且伴随着很多不合时宜的社会行为。MOFC 活动减弱与积极的任务表现评估及人格特质评价呈正相关，而 VACC 却与这些积极的评价没有关联。MOFC 活动减弱还表现为对情侣的乐观偏向，即跟同龄人相比，情侣们拥有更多的积极特质和更少的消极特质[44]。而当自尊处于受威胁的状态时，情况就变得完全相反了。研究显示，在自尊受威胁的情况下，MOFC 活动增加导致了自我评价的乐观偏向。当人们收到对人格特质、学术能力或技能的消极反馈时，自尊就受到了很大的威胁[45]，人们应付自尊威胁的办法就是强调积极的自我评价。研究者在实验中操纵了自尊威胁，当受试者得知自己不受喜欢时，他们对自我的评价显得更加积极，并且这种乐观偏向与 MOFC 活动增加呈正相关[31]。总而言之，MOFC 的激活程度预测了自我评价的乐观偏向的变化：当自尊很安全时，MOFC 活动减弱预测了过于积极的自我评价；而当自尊受到威胁时，MOFC 活动增加就与自我保护联系在一起。以 MOFC 作为种子点做功能连接分析发现[44]，当自尊面对威胁时，MOFC、纹状体（striatum）和额中回（middle frontal gyrus）的功能连接可能支持了自我评价的乐观偏向。当自尊处于危险的时候，MOFC 展现出了与额下回更弱的积极共变关系，而与纹状体却有更强的积极共变关系。可能的解释是，MOFC 与纹状体的子区域（包括尾状核和壳核）的功能连接反映了评价标准在保守和自由上的转变，而为应对自尊威胁所做出的评价标准的改变可能是具有奖赏价值的。这个研究表明，MOFC 影响着社会认知的自上而下的加工，并通过调节评价标准来实现动机。

第四节　乐观偏向的神经学研究启示

从行为学层面来说，自我评价的乐观偏向这个现象是毫无差别的，但从神经学层面上来说，

在自尊受到威胁的情况下产生的乐观偏向依赖于不同的神经网络[31]。这些不同的神经网络很可能反映了乐观偏向背后的不同的认知加工。所以乐观偏向并不能被看作是一个单一的现象,而是根据自尊是否受到威胁,区分成两个不同的现象。例如,不同的可解释性(accountability)在减弱乐观偏向上效果是不同的。当人们被要求向朋友或专家解释他们的自我评价时,人们倾向于在自我评价中表现出更少的乐观偏向。另一方面,当给人们经济奖赏或处罚时,这种乐观偏向却没有得到减弱。浅显的认知加工会产生乐观偏向,而当人们被驱使着去深入思考那些他们用来作出自我评价的信息时,乐观偏向就得到了削弱[31]。因此,当面对社会问责和经济压力的时候,两者并没有相等地削弱乐观偏向。如果从自尊保护的视角,而不是认知资源的视角来看待这个现象时,这些结果就显得非常容易理解了。当人们需要向朋友或专家解释自我评价的时候,自尊就需要得到更好的保护,在这种情况下,准确的自我评价可能是用来保护自尊的最好的方式。然而,自尊很大可能是和社会压力而非经济压力联系在一起的。当自尊保护需要很弱的时候,大脑可能使用不同的认知机制来做出自我评价,而这种机制也不太可能用来加工经济压力下的自我评价。总之,乐观偏向的神经学研究表明,保护自尊的动机产生了不同形式的乐观偏向,这些乐观偏向不是通过认知资源卷入的多少,而是通过不同的认知加工机制产生的。

第五节　默认网络及神经机制

默认网络被广泛定义为很多脑区组成的网络,默认网络有三种活动模式:①与控制状态相比,当受试者在进行目标导向的任务时,默认网络的活动会下降;②当受试者在看着注视点或处于闭眼静息态时,这些区域的活动增强;③进行社会认知任务时的激活脑区跟默认网络有非常大的重叠[46]。Andrews-Hanna 等认为默认网络由两个子系统和一个核心系统组成。一个子系统是背部内侧前额叶皮质,包括背侧前额叶皮质、颞顶联合区、外侧颞叶和颞极。另一个子系统是内侧颞叶,包括海马结构(hippocampal formation,HF)、海马旁回(parahippocampal gyrus)、压后皮质(retrosplenial cortex,RSP)、腹侧前额叶皮质和后部的顶下小叶(inferior parietal lobule,IPL)。当受试者考虑自己或别人目前的心理状态时,dmPFC 系统就会选择性地被激活。而当受试者幻想未来时,MTL 系统会被激活。这两个子系统都和中线核心系统紧密相连,这个中线核心系统包括前部内侧前额叶皮质(amPFC)和后扣带回。中线核心系统在人们做自我相关的情感决定时被激活[47]。这三个系统相互作用,使人们对个体重要事件的心理模型进行构建。各种不同的社会认知任务,包括情绪、同情、心理理论(theory of mind)及道德判断等,都产生了大脑功能连接(functional connectivity,定义为不同的神经生理事件在时间上的相关性)的变化,从 mPFC(包括前扣带回)到其他一些默认网络内(颞顶联合区或后扣带回)和网络外(脑岛和杏仁核)的区域,更复杂的行为则激活了位于额叶皮质位置更高的地方[35]。这些结果表明,mPFC 在社会认知中起了至关重要的作用,不同的 mPFC 区域负责不同的认知过程:腹部 mPFC 用来识别自我相关信息并评估刺激的特性,对加工社会认知中的情感特征具有非常重要的作用[48];前部内侧额叶皮质负责在自我和他人中做出判断,如当人们判断人格特质是否描述自己而不是他人时,这块区域就会被激活[42];背部内侧额叶皮质则评估和决定一个特定的刺激是适用于自己还是别人。默认网络中的 mPFC 在社会认知中起关键作用,而默认网络中的子系统也对社会理解起重要作用。具体来说,在 MTL 系统中,腹部内侧前额叶皮质与处理情绪的脑区相连,共同作用于社会互动的情感联系;位于中线结构中的前部内侧前额叶皮质与后扣带回和前扣带回相连,主要的功能是区分自我和他人;而背部内侧额叶皮质系统中的背部内侧额叶皮质与颞顶联合区相连,使得理解别人的心理状态成为可能[49]。对于非心智任务来说,自我和他人判断都与内侧前额叶皮质的多个部分有关,从腹部一直延伸到背部的区域,还激活了左侧的颞顶联合区和后扣带回。对于心智任务来说,通过自我判断和他人判断的直接比较发现,腹部内侧前额叶皮质及左边的腹部外侧前额叶皮质和左脑岛(left insula)经常在自我判断任务中被激活,而背部内侧前额叶皮质及两侧的颞顶联合区和楔叶(cuneus)则经常在他人判断任务中被激活[50]。这些结果说明,腹部和背部的内侧前额叶皮质在功能上是分割的,即内侧前额叶皮质的不同空间分布具有功能上的异质性。

第六节 可能的研究方向

数十年的心理学研究发现,人们在自我评价的时候总是会展示出乐观偏向,传统心理学在自尊保护领域和认知消耗领域对这个现象做了探讨。研究表明,过于积极的自我评价通常被认为是保护自尊或减轻焦虑的心理机制。另有研究表明,乐观偏向可能只是认知判断的一个认知捷径。神经学研究显示,内侧前额叶皮质、腹侧前扣带回和内侧眶额皮质在自我评价中具有重要的作用。内侧前额叶皮质在自我评价中的主要功能是认知作用,帮助自我区分亲密他人和其他人。腹侧前扣带回和内侧眶额皮质调节动机因素,其中腹侧前扣带回能够区分信息的效价,而内侧眶额皮质的激活程度可预测自我评价的乐观偏向变化。这些结果的意义在于,乐观偏向不是一个单独的现象,不同的原因产生了不同形式的乐观偏向。默认网络具有三种活动模式,默认网络的三个系统支持了这三种活动模式的各个方面,而mPFC又在社会认知中起了核心作用。mPFC和自我相关加工也紧密相连,它和其他区域的连接进一步说明了人类把过去的经历当作理解他人情感和认知状态的基础,并且不同的mPFC区域负责不同的功能。随着社会行为越来越复杂的变化,更复杂的行为又涉及mPFC和默认网络以外的其他一些区域与网络的功能连接,这也反映了人类的认知从自动加工到控制加工的历程,即从认知到元认知(metacognition)相互联系和转换的过程。

人们评价他们自己的能力、人格特质及未来的时候,经常会表现出一种不现实的乐观。这种不现实的乐观是心理学中的最普遍的认知障碍之一。乐观涉及这样的一种趋势,即人们倾向于高估积极事件的发生概率而低估消极事件的发生概率,尽管有时候现实就摆在面前。乐观被认为是积极错觉(positive illusion)的一个元素,另外两个因素是积极的自我评价和控制感。乐观在很多领域对于成功来说是特别重要的一种素质,如能提高人们的社会经济地位、建立社会关系和帮助良好地应对压力等。与此相反,更低程度的乐观与更高程度的抑郁是相互联系的,轻微抑郁的人通常比乐观的人在对事件发生概率上有更现实的估计。

近年来,功能性磁共振成像已经开始探讨乐观的神经学机制。当人们处于休息状态时,与任务相关的脑区的激活水平会下降,与此同时,另外一些脑区的活动会增强并维持在一个很高的水平上,这些脑区组成的网络被称作默认网络。基于任务的相关试验范式表明大脑的默认网络,包括上前额叶皮质(superior prefrontal cortex,sPFC)、下前额叶皮质(inferior prefrontal cortex,iPFC)、前扣带回和眶额皮质(orbitofrontal cortex)等神经区域都在人们积极地评估自己能力、人格特质和未来时激活。默认网络在功能上可以被定义为多区域整合的活动模式,这些区域在静息态下的活动通常都具有较强的自发活动水平、在目标导向任务中具有更低的活动水平。默认网络以一系列的自我相关加工的功能为特点,这些自我相关加工包括处理内部和外部信息、回忆过去及展望未来。这种生理学上的默认模式可能意味着一个心理上的关于自我评价的默认模式,这种模式帮助人们在计划未来的时候评估其优势和劣势。这种心理的模式可能也以一种自我评价的乐观偏向为特点，至少是在非抑郁人群中如此。和乐观的自我评价相反，与抑郁和乐观降低相关的是过度的自我关注。研究表明，抑郁和额中回（middle frontal gyrus）及眶额皮质的异常活动联系在一起，这个默认网络的特征暗示了消极的自我相关的想法。综上所述，乐观的和抑郁的自我评价的趋势在非临床样本中可能在静息态下默认模式网络里得到体现，即默认模式网络的活动模式反映人们自我评价的效价。

（全鹏）

第八章 控制感的神经电生理研究

在成年人的生活中，人们通常知道他们在做什么。这种控制自己行为的经历及由此掌握外界事件的过程被称为控制感（agency）。它形成了人类经验的中心特征。然而，产生控制感的脑机制最近才开始被系统地研究，它是大脑神经回路产生的独特但难以捉摸的经验。控制感是人类文明中最重要的一种心理和神经状态，因为它支撑着人类社会中的责任概念，而它在精神心理疾病患者中经常发生改变。

控制感是让事情发生的感觉、是驱动自己行为的经验，并借此来控制外部事件的过程。在文献中，"控制感"通常指一种感觉行动能力（自我效能），而不涉及任何特定的行为。然而，研究者关注的是发生在实际肌肉运动之前、期间和之后的经验，而不是关于潜在动作的经验或事实。因此，"控制感"这个术语指的是伴随着特定行为的体验。

许多主动行为都是非常乏味的，因为伴随它们的经历并不特别生动。然而，这种经验的几个不同方面的结合通常是共同的，这足以令人产生一种控制自己正在做的事情的感觉，即使我们是在无意识地做它。产生这种经验的神经计算是如此高效和如此熟悉，以至于研究者的控制意识似乎是最小的、平淡的。然而，一个简单的例子证明了控制感的重要性，同时控制感是被精心构建的——当天黑时，我可能会伸出手来打开灯，但似乎意识不到自己在行动。但是，如果我的手碰不到开关，或如果灯不亮（或如果其他人在我使用另一个开关之前打开灯），我会经历一个显著的冲突得到违反预期的结果，这是由于预期结果和实际结果的不匹配，在这种情况下，因为失去控制感，正常的经验、流畅的控制环境的感觉突然中断。

控制感支撑着人类社会的许多重要特征。如在法律上，刑事责任的判定不仅是行为人执行特定的行动，而且还需要判断这些行为的性质。这意味着行为人应该体验到他们行动的控制感。许多技术，从简单的工具到社交媒体接口，可以通过控制自己的动作来控制即时环境的经验，从而控制更广阔的环境（甚至是虚拟环境），进而扩展控制感。在一项关于工作和福利的主要流行病学研究中，一种强烈的控制感（如做自己决定的事而不是执行任务）被确定为健康的主要决定因素。控制感的中断（如运动障碍或精神病理的结果）对生命质量有重要影响。

也许因为控制感的普遍性和基础性，在最近，控制感在认知神经科学研究中很少受到关注。然而，近来神经科学家们已经做出了更大的努力来理解产生控制感的大脑过程。本章描述了如何在实验室设置操作、定义和测量控制感。不同的信号和认知过程产生了控制自己的不同行动和结果，决定了哪些具体的大脑区域和神经回路实现这些计算。这些神经回路的中断可以解释经常伴随着精神病理改变的控制感。

大多数以前的心理和神经科学研究使用明确的判断、归因于特定的行动研究控制感[51]。然而，研究者主要关注的是对外部对象或事件的工具控制的经验，而不是如何内隐控制感。

第一节 控制感的概念

控制感是伴随着不同内容的主观体验。这些体验可能包括打算采取行动的经验、选择做出一个特定行动而不是另一个行动的经验、启动或触发行动的经验。这些经验基本上是认知的，并且与额叶的动作准备和来自初级运动皮质的运动指令联系在一起。它们可以被归类为中心经验。此外，控制感通常也涉及与身体实际移动相关联的另一类外周经验，并且由身体外周感受体的活动来传递。有趣的是，非自主行动（如由脑刺激诱发的反射和运动）不是中心经验，而通常是来自外周经验。这种非自主行动从来没有伴随着一种控制感，尽管它们通常伴随着哲学家们所说的所有权意识。所有权是指一种感觉，即一个物体（如身体部分或精神状态）与一个特定的个体联系在一起的感觉。

因此，控制感似乎既涉及身体运动的体验，也涉及身体运动自主体验的认知体验（我自愿让它移动）。后者被描述为自己是行动的来源的经验。这暗示了自主行动指令本身的归属感。最近的神经科学证据证实了大脑神经回路在自主行动中发挥关键性作用。

控制感的核心是自主行动与结果的关联。有趣的是，意志在控制感的重要性也被法律中的自愿行为条件所承认。据此，个体只能对自己的自愿行为负责，而不是为他们的反射，如打喷嚏或类似的运动负责。心理学家已经注意到，当有强烈的行为动机、明确的行动目标和特定的皮质运动指令启动时，控制感最强。然而，自主行动的确切定义仍然存在争议。一些学者建议，自主行动应该是在认知运动领域中需要进行神经活动的自主行动。其他学者完全回避了自愿的概念，定义了一类内源性或内部产生的行为，它们与外部刺激的反应形成对照。哲学家们使用了完全不同的标准：如有些人坚持认为自主行动只能基于控制感的主观感受来定义。

控制感的一个重要的方面是一个个体的行为如何影响外部环境的体验。通过他们的行动，人类和其他动物可以改变周围的世界，也可体验周围世界是如何转化的。

第二节　对控制感的测量

任何关于控制感的科学解释都需要某种方式来衡量。个体控制感最简单的衡量方法是明确的问题答案。做出这样的判断需要个体把感官事件归因于自己的故意行动而不是其他原因。这个过程类似于在镜子中认出自己。许多使用外显方法测量控制感的实验研究从根本上说是社会性的，从某种意义上说，控制感既属于自己也属于他人。在这类任务中，控制感作为一个有关"who"的脑网络出现。

使用外显判断的控制感的研究显示出一致的认知偏差：有一种倾向是高估自己的控制感并误认为事件与自己的行为有关。引人关注的是，当一个行动的结果是积极的，而不是中性的或消极的，这种偏见更强。这表明有一种机制通过积极的情感影响自我感觉。控制感在社会情境中的判断可能会被这种增益扭曲。

鉴于这些局限性，有人建议，控制感需要通过内隐方法进行测量。尽管在日常生活中对控制感的明确判断是罕见的，但在日常行为中，研究者体验到一种清晰的控制感，即使是在不需要评价或判断的情况下。内隐方法的目的是捕捉这种感觉，而不需要人们明确地考虑控制。因此，它潜在地避免了影响明确判断的认知偏差。有趣的是，对于个体，内隐和外显的测量常呈弱相关[52]，即使两者似乎都对诸如报酬等因素敏感（包括自上而下的偏见）[53]。

一种可能是控制感标志集中于时间知觉的扭曲。规划行动、执行行动、预测行为结果都会影响时间知觉。在专注于有意结合效应的实验中，参与者被要求报告自主行动的感知时间或某个随后的感觉事件（如声音）。结果发现，自主行动而不是非自愿运动，被认为是在时间上转移到他们的后续结果，导致他们相比独立发生的控制行动，结果本身被认为是转向自主行动。因此，控制感可以被量化为对行动和结果感知间隔的压缩[54]。许多因素影响时间知觉，包括注意力、因果关系、药物和适应。

通常在实验中，工具控制的经验很大程度上独立于社会属性的控制感和明确的判断过程。

例如，在日常生活中，骑自行车上山可能会经历一个强烈的控制感，这是基于感知自己的行为能影响自行车速度。这个过程不调用任何其他控制感、任何社会方面的判断。

有两种不同的方法来测量控制感，使研究者能够研究一个重要的区别，即在行动心理学的一个自己的控制（自我控制世界）和社会归因（自我或其他）。这种区别早已被哲学和心理学所认可。但是，对于控制感行为的社会属性是否取决于先前计算和感知工具，我们尚不清楚。本章主要论述与工具控制相关的控制感，其不同于基于社会属性的控制概念。

第三节　控制感的认知过程

控制感的认知过程包括意志与行动准备。如上所述，一种真正的控制意识显然需要某种内在的意志、和谐或冲动的状态。非自主行动，如由大脑刺激或身体部分被动移位引起的运动不产生控制感。如有意结合效应的研究表明，非自主行动产生的约束力比自主行动少，甚至完全逆转了效果。

一个人对自己的意志的预期体验，对于理解控制感是重要的。对自主行动和非自主行动的知觉辨别可能有助于学习控制感[55]。认知运动区的准备活动被认为是自主行动的特征。如准备电位，一种在运动前出现的特征性缓慢负脑电电位，历来被认为是意识的标志。在最近的一项研究中，那些表现出准备就绪的受试者表现出更强的行动和结果的有意约束力，说明他们的控制感更强[56]。根据这一观点，先于自主行动的认知准备也有助于获得控制感。然而，单纯的经颅磁刺激（TMS）引起的无意识运动与正在进行的自发行为的准备在时间上的共同发生并不足以产生有意识的结果。行动计划的认知准备需要精确地匹配肌肉运动，从而引出控制感。

选择不同的可能行动强烈影响着控制感[57]。重要的是，这种影响必须是前瞻性的，因为在替代行动中选择的过程必须先于运动和结果。在动作选择中，背部外侧前额叶皮质（dLPFC）被认为是形成了一个响应空间，它可在一组可选择的动作中选择所需的动作。一些研究表明，dLPFC 不仅参与选择的动作，还涉及选择动作的过程。然而，内侧额叶区域也被认为有助于行动选择过程。

一些证据表明，在额叶替代行动选择的过程强烈地促进了控制感的产生。最近的一篇荟萃研究论文分析了 7 项研究[58]，在左侧 dLPFC 上施加经颅多普勒直流刺激（TDCS），并采取有意的结合措施，发现在替代行动中仅参与者自己进行选择的那些活动，TDCS 增强了控制感。

行动选择过程可以通过多种方式影响控制感。如一项研究用音调诱发特定的脑电成分（听觉 N1）衰减[59]。这一结果说明对行动结果的预测使对行动结果的实际感知变得多余。感觉衰减和工具性感觉的确切关系尚不清楚，但这一发现说明了动作选择与动作结果预测的重要关系。

行动选择过程也可能直接影响控制感，而不考虑所选择的行动与结果的关系。根据这一观点，流畅的动作选择（对应于做出哪种动作的确定性）增强了对动作结果的控制感。最近的一些研究使用阈下视觉启动来证明控制的感觉取决于在动作选择生成过程中产生的元认知信号。例如，简单地呈现然后掩蔽右指向箭头，可以减少对随后出现的右指向目标箭头（阈上）的反应时间，并增加对左指向目标箭头的反应时间。看不见的启动也会影响左手和右手反应的自由选择。有趣的是，相同的启动会影响对控制感的明确判断。相对于不一致的启动，一致性的视觉启动提高了控制感。动作选择由内部产生，是对信号的元认知，指示从响应空间中选择动作所涉及的流畅性或冲突程度。这些行动选择信号促成了控制感的判断，尽管行动选择的难度完全独立于行动和结果的实际统计关系。行动选择流畅性对控制感的贡献在某种意义上是虚幻的，因为仅知道采取什么行动并不能保证行动结果。然而，正如许多幻想一样，这可能是一个经验法则，通常适用于典型的控制情况。

第四节　控制感的比较模型

如上所述，当自主行动与结果相匹配时产生控制感。动机控制的计算模型可以用于预测行动的感受后果。该预测被认为涉及将运动命令传递到运动体部分的前向模型（也称为内部预测模型），然后将身体和环境的感觉信息与感觉反馈相比较，感觉反馈是根据运动指令预测的。这种比较的结果被称为预测误差。如当大脑发送指令以到达电灯开关时，人们可以预测手臂的运动结果，并且灯也会亮起来。如果手臂不以适当的方式移动，则运动控制系统必须更新或改变指令，以达到切换电灯开关的目的。

比较模型最初是用来解释大脑如何监控和修正目标导向运动的。然而，同样的模型也被用来解释控制感的意义。如果一个事件是由自己的一个动作引起的（如果内部预测模型是正确的），则实际的反馈正好对应于预测，并且比较的结果是零，否则结果是非零（non-zero）——预测错误。

根据这一观点，人们对事件的一种感觉，可以通过他们的运动命令来预测。在一系列的研究中，研究者使用比较模型来解释人们如何将视觉反馈归因于他们自己的或他人的行为。这一理论认为人们比较预测的视觉反馈和他们实际看到的运动。在这个比较中，任何不匹配均表明了控制感的减少或缺失。时间线索在动作归因中具有特别重要的作用。启动一个动作的时间允许精确地预测结果的时间[60]。因此，动作视觉反馈中的任何时间上的不匹配都会降低控制感。

有趣的是，根据比较模型，控制感是由缺乏任何预测误差所导致的，这意味着在神经比较器的输出没有任何信号。因此，这些模型可以成功地解释非控制现象，如"我没有做过，有些事情出了问题"。然而，他们可能不那么有说服力，因为控制感解释了在日常成功行动中的噪声。模型不会产生任何可能导致这种体验的神经信号。此外，比较模型削弱甚至完全抑制了对行动结果的感知——根据这些模型，研究者只感知到研究者无法预测的，因为感知的内容是由实际反馈和预测反馈的差异给出的。这种抑制可以是功能性的，如它可以防止在自发动作期间感知超载。然而，如果控制感仅依赖于比较机制，那么自己的控制感经验将被抑制。事实上，如果这种解释达到极端，如果人从来没有意识到他们的行动获得了成功，人类的努力可能会消失。

第五节　前瞻性与回顾性的控制感

感觉运动系统内的不同信号被认为是在不同时间上获得的控制感。预运动信号（如与逆模型的动作选择相关联的信号）发生在动作之前，而感觉反馈信号则发生在动作及结果之后。反馈信号还受到动作和结果因果链中的任何延迟及接收和处理传入感觉信息延迟的影响。比较模型通过延迟正向模型的输出来处理这种时间失调，直到它可以与延迟的结果反馈进行比较。因此，只有在延迟的结果反馈到达比较器之后才能计算出控制感。这意味着人们在事后才体验到这种控制感。这一观点得到事实的支持，即明确地判断控制归因容易偏颇。如具有后续行动效果的启动使得参与者增加了他们在行动上的控制感，即使当启动低于意识知觉的阈值时，这种效应也可以出现。强烈主张这一观点的学者声称，行动是由环境影响和启动的过程，主要是在意识之外运行。因此，大脑通过一个事实推断出一个自己的行动并产生一种控制感，但是它不能获得任何关于行动的真正起源或直接读出信号，或在计算控制感的意义时不使用这些信号。

最近的一些研究表明，控制感也取决于预期的信号。大多数的控制意识的研究设计无法分离控制感前瞻性和回顾性的影响。然而通过改变自主行动产生音调的概率，可以区分这两个成分。如一项研究表明，当一个音调跟随一个动作的概率为 50% 时，在音调实际呈现的情况下，有音调的试次比没有音调的更强。这表明音调回顾性地改变了引起它行动的感知时间。类似的效应被称为"断言"（postdiction）。有趣的是，在那些实际上没有音调的实验中的动作绑定取决于音调发生的概率：在动作之后音调的概率高（75%）而不是低（50%）的组块上的结合更强。这一发现暗示了一种具有预期意义的控制感成分，即使结果实际上不发生，也是存在的。这项实验提供了强有力的证据表明，个体自己的行动的经验与预测这些行动的结果有着根本的联系，而不仅是一旦结果被证实就能追溯到控制感。

第六节　控制感的脑机制

神经影像学研究在识别大脑中实现各种感觉和计算过程的大脑区域起着重要的作用。这些研究一直强调顶叶皮质在控制感上的作用。早期的研究使用明确的控制感归因判断，发现在视觉反馈被判断为与自己行为无关的情况下，顶叶下角回被强烈激活。最近的神经影像学研究荟萃分析证实，颞顶叶交界区、角回是非控制感（non-agency）的神经基础。一些研究通常基于已知的影响控制感的实验因素，如延迟的感觉反馈，而不是关于控制感的实际主观报告。研究也通常集中于控制感的回顾性成分（即判断刺激是否为自生的）。有趣的是，颞顶交界处也在没有自主行动的情况下对意外的外部感觉事件作出反应。因此，其在非控制感情况下的激活可能不反映归属于控制感的过程，而是该过程的一个可能结果（即判断事件是外部引起的）。有趣的是，在某些研究中，内侧前额叶和外侧前额叶区域也与非控制感有关。唯一与正性自我控制感相关的区域是前脑岛，这可能反映了这一区域在持续自我意识中的一般作用。

角回也有助于达到预期的控制感。研究人员使用阈下启动来改变动作选择的流畅性[61]。参与者响应于箭头刺激而做出左右键按压。一个阈下的箭头刚好在命令刺激之前呈现，可以促进或阻碍参与者选择并做出适当的动作，这取决于阈下箭头与启动刺激相容或不相容。相容的启动比不相容的启动反应更快。更有趣的是，相容的阈下启动也导致了由参与者的动作引起的更强的控制感。fMRI 分析集中于与动作选择相关的脑激活。当参与者给予低控制感评级，而不是高控制感评级时，只有当阈下刺激与阈上命令刺激不相容时，角回被更强烈地激活。因此，角回可以在前额叶区域的行动选择过程中产生冲突监测信号。这一假设是在不相容实验期间由角回和内侧前额叶皮质增加的功能连通性所支持的。此外，在出现启动刺激时，角回的经颅磁刺激废除了在不相容实验中给予较低的控制感的倾向[62]。因此，顶叶皮质可能不能简单地将结果与追溯的行为相匹配。它也可以接收关于正在进行的选择和启动动作的处理的预期信号。因为这个前瞻性的成分可以独立于实际行动和结果的偶然性来衡量，所以可以被认为是元认知的。

额叶和前额叶对器官感觉的贡献尚不清楚。这些地区在规划和启动自主行动方面具有至关重要的作用。许多实验设计使用的操作影响正面的过程，产生了控制感的神经活动和主观经验。这些设计不能区分控制感的直接影响和间接影响，这是由行动控制的变化介导的。然而，最近有一些研究结合非侵入性脑刺激与内隐式控制感测量方法，特别关注控制感的经验。这说明在前辅助运动区的 TDCS，内侧额叶区域强烈地牵连着意志和控制感 [63]。在另一项研究中，预先补充运动区的 θ 波段 TMS 脉冲减少了结果对动作的约束力。最后，如上文所述，最近的荟萃分析认为 dLPFC 中的动作选择过程对控制感的意义做出了特定的贡献。

因此，单独的前瞻性信号只能提供对外部事件的控制感的估计，因果链可能出错，或可能无法被正确跟踪。基于回顾性信号的推论似乎错误地将许多事件归类。因此，前瞻性和回顾性信号的组合似乎是可靠计算所必需的。顶叶皮质在监测多个与感觉器官有关的信号中起着关键的作用，包括在额叶皮质中产生的选择、意志和启动信号。根据这一观点，顶叶作为比较器，将意向信号与感觉反馈信号进行比较。然而，这种理论不能解释"为什么顶叶激活强烈地依赖于比较的结果，而不是在比较过程本身"。特别是有一些研究表明，顶叶参与的非控制感比控制感更积极。

控制感的比较模型鼓励搜索一个单一的大脑区域、匹配意图和反馈。然而，另一种理论认为控制感是行为和结果相关联的主观结果，而不是预测结果和实际结果的差异信号的结果。这样的关联可能会将来自自动选择和启动的前瞻性运动前信号与身体运动和外部结果所产生的回顾性、感知信号联系起来。控制感相关的脑区可能位于额叶、顶叶等多个脑区。最近关于精神疾病的控制感的研究强烈支持了这种联系模式。

第七节　控制感的病理研究

一些神经和精神疾病涉及控制感的病理。临床神经病学广泛地将运动障碍归类为多动或低动力。对于行为的主观体验也可以进行类似的分类。有研究表明，抑郁的个体对结果的控制感比健康个体少，但这归因于健康个体的高敏感性偏倚。根据这一观点，至今仍有争议的是，抑郁症患者如何对他们的控制能力进行评估。

大多数控制感的病理研究都集中在精神分裂症上。德国精神病学界使用 Ich-Störung 这个术语指代自我、自我世界的边界和自我控制的干扰。如有妄想症的患者可能会感觉他们的思想和行为不是他们自己的，而是由外部刺激引起的。根据这种理论，这种症状是无法预测自我行为的后果而产生的。在没有适当预测的情况下，由自己的行为和思维过程引起的感官体验不会被任何内部预测所抵消，而是被视为外部事件。有几条证据支持了这一观点。例如，精神分裂症患者在视觉反馈出现问题，或没有联系到自己的行动时表现出能力受损。有趣的是，他们还缺乏自生成动作后果的感觉衰减，这是预测动机控制比较模型的一个关键特征。

这些结果表明精神病患者的控制感降低。然而，最近的一项研究发现，与健康志愿者相比，小样本阳性症状患者的有意结合效应更强，而不是更弱。低估时间间隔似乎是一些精神分裂症患者的一般特征。事实上，虽然没有动作，精神分裂症患者比健康的个体在两个连续的音调间表现出更强的绑定。然而，绑定的组间差异在动作-音调期比音调-音调期更大。一项研究发现，精神分裂症中控制感的主要扭曲可能不在于控制感经验的强度，而在于产生它的认知过程。在一个旨在分离控制感的预期和回顾性成分的实验中，精神分裂症患者的行为对音调的有意结合完全取决于语气。相反，在健康控制组中，动作绑定取决于语气可能发生的概率，并且在很大程度上独立于音调是否实际发生。也就是说，患者的控制感很大程度上是基于回顾性重建行动的经验，由结果驱动。而健康控制组的控制感是基于对可能的结果的预测。因此，精神病似乎废除了健康成人生活特征的正常的前瞻性因素。在精神分裂症患者中，其大脑可能处于一种持续的惊奇状态，以试图了解其自身产生的事件。

第八节　社会、控制感与责任

　　大多数人会坚持个体责任的概念，这是表扬、责备、惩罚、奖励的基础。个体责任取决于大多数人或所有人在他们的行为和结果上感受到控制感。事实上，法庭对有罪或无罪的申诉是对控制感的明确判断。法律上的自愿行为条件认为，个体只能对他们自觉决定执行的，并对可能的结果做出合理解释的行为负责任。新兴的神经法学领域突出了责任的法律概念与个体对经验控制的认知能力的关系。如法律承认在少数具体案件（如自卫或持续虐待等）中，以控制损失为理由，减少对杀人行为的责任。这种失控是否能代表非特定的神经生物学系统的"战斗-逃跑"问题，还是只是对极端行为可能会被接受的文化期待？

　　在一些有争议的法律案件中，被告承认自己只是服从命令而否认责任。一方面，这意味着，在强制条件下，个体行动的控制感可能会降低，这反过来又解释了为什么人们似乎很容易遵守强制指令。另一方面，这种辩护可以简单地代表一种虚假的尝试，通过减少控制感经验来避免责备。因此，最近一种实验设计中，实验者向一个参与者发出指令，以给另一个参与者带来明显的痛苦冲击[64]。因为参与者轮流扮演给予和接受冲击的角色，每个个体都直接体验到自己的行动对共同参与者的不愉快的影响。参加者估计他们的动作与听觉传递发生的短暂延迟是与冲击的发生同步的。该区间的主观持续时间提供了一种内隐性的控制感测量，这类似于意向性绑定，即由自主行动发起的间隔被认为短于被动运动引发的等效间隔。强制指令增加了动作和音调的冲击持续时间，这表明相对于自由选择，强制降低了控制感。引人关注的是，强制指令也导致事件相关电位反应的音调，表明抑制神经处理的行动结果。这意味着服从指令降低了控制感，产生了比被动行动更接近被动运动的体验。

　　先前的研究已经表明，增加参与者可自由选择的行动的数量可导致控制感的增强。强迫下的控制感与社会强制有效约束个体自由选择的可能性相一致。这并不是说遵守命令可以作为法律的辩护，但它确实解释了强迫下的行为如何能够引导个体体验他们行为的不愉快后果的心理距离，还演示了社会情境如何能强烈地影响个体的控制感，从而影响他们的责任感。

　　控制感不是人类本性的超越性特征，而是大脑中特定活动的结果，这是自发运动控制的基础。前额叶选择并启动有意的行为，随后将信息传达到监控意图、行为和结果的顶叶区域。该神经机制有前瞻性（动作之前）和回顾性（以监视动作是否已经达到预期的结果）两种属性，涉及行动和结果的任意和间接的关系。控制意识可能是事后推理造成的。

　　然而，这种说法可能被夸大了。事实上，与运动指令的选择和启动有关的预运动信号对于成人每天执行的数以千计的简单动作具有重要的控制感意义。在正常情况下，启动自愿运动行为的独特经验似乎是必要的，但这还不够。个体行动责任的概念在保障人类社会功能的法律体系中起着至关重要的作用。个体责任强烈依赖于与控制感相关的大脑机制。因此，神经科学的这一领域在个体、社会及物种作为整体的研究层面上具有深刻的伦理意蕴。

（全鹏）

第九章 情绪记忆的神经电生理研究

情感事件常在记忆中获得特殊地位，对人们的生命质量有重要影响。认知神经科学家已经开始阐明大脑中情绪的心理和神经机制。杏仁核是一种大脑结构，它直接介导情绪学习的各个方面，并促进其他区域（包括海马和前额叶皮质）的记忆操作。情绪记忆交互发生在信息处理的各个阶段，从最初的记忆痕迹的编码、巩固到长期的检索。

情感记忆是研究个体历史的核心。哲学家和心理学家长期以来一直在研究情绪是如何增强或破坏记忆的。在过去的一个世纪中，主要通过动物行为学和社会临床心理学的方法来分析情绪的功能。认知神经科学家现在则开始研究情绪记忆网络的组织，为动物模型和临床疾病提供一个重要的转化桥梁。

心理学家常认为情感空间是根据两个正交的维度觉醒和效价来分析的，研究了这些维度对不同形式的记忆［包括陈述式（显式）和非陈述式（隐式）记忆］的影响。下面就人类对这些记忆系统的情绪效应进行综述，其重点是杏仁核的兴奋介导的影响及其与额叶和颞叶脑结构的相互作用。回顾认知和情感神经科学方法包括内侧颞叶（MTL）损伤患者的研究，神经激素操作和功能脑成像。在陈述性记忆的情况下，研究者一般关注事件记忆（或情景记忆）；在非陈述性记忆的情况下，研究者则主要关注恐惧调节。大多数研究已经探索了在中高等觉醒条件下的情绪影响，但一些在没有高觉醒的调节下情绪影响研究的价值被忽略了。虽然情绪主要有益于记忆，但有时也会观察到持久的有害后果，特别是在严重或长期的压力之后。本章描述了从非人类动物的研究中获得的经典情感记忆的实验支持，除了在这个基础上扩展的发现之外，还包括独特的人类方面的回忆。

第一节　情　绪　记　忆

与认知神经科学的其他领域一样，脑损伤研究提供了一个核心的基础来描绘结构-功能关系。在这种情况下，需要确定情绪记忆的哪些方面取决于杏仁核的完整性。在人类中，疾病很少影响杏仁核。如果双侧大脑皮质损伤扩展到邻近的内侧颞叶记忆结构，患者会遗忘，这会使情绪效应的研究复杂化。颞叶切除术后由于癫痫引起的单侧内侧颞叶损伤的病例研究，Urbach-Wiethe 综合征引起的选择性双侧杏仁核病变的罕见患者的病例研究为此提供了重要的见解。

对健康成年人的行为研究表明，记忆中的情感优势有时会随着时间的推移而增强。相对于中性词，情绪唤起词的保留优势相比短时间（立即）在长时间（测试之后 1 小时到 1 天）延迟间隔之后更大。这样的观察提供的证据表明，情绪唤醒有益于记忆。部分原因是情绪唤醒促进记忆的整合过程，这需要时间来显现。然而，巩固的确切时间进程具有相当大的争论，因为稳定记忆痕迹是一个漫长的过程，可以持续数月至数年。Urbach–Wiethe syndrome 患者表现为长期（1 小时至 1 个月）的记忆或情感词、图片和故事的损害，这些结果也被解释为反映情感增强巩固过程中的缺损。

情绪唤醒在编码过程中具有互补的、即时的影响，它是不随时间变化的，并被解释为反映对记忆的注意力影响。情绪唤醒的另一个后果是注意力集中在要点（gist）信息上，如目击者证词研究中关注的焦点是武器，但对复杂事件的周边细节，如情感叙述或社交遭遇视而不见。注意聚焦确保复杂事件的情绪显著特征优先保留在记忆中，从而赋予进化优势。杏仁核病变患者在测试视听叙事、描述情绪唤起事件时，不专注于要点信息。当患者产生完整的皮肤电反应（skin conductance response，SCR）和刺激的兴奋性评级时，要点的记忆效应是明显的，这牵涉到情绪认知的交互作用，而不是情绪评估的更基本的问题。

　　与上述发现相反，情绪记忆的某些方面被保留在杏仁核损伤之后。杏仁核病变患者优先记忆与兴奋性相对较低但与中性语境相关的中性词、在中性语境下编码的中性词。在这种情况下，患者可以获得其他促进认知的资源，包括语义衔接和组织策略，这可能是由内侧颞叶和前额叶皮质的直接相互作用介导的。因此，在没有完全的杏仁核功能的情况下，某些情绪记忆可能是有益的，尤其是当生命后期该脑区发生损害，并且部分记忆需要通过情绪效价来影响认知过程时。这些发现扩展了啮齿类动物研究的结果，表明在情绪记忆任务中，杏仁核的参与是事件引起兴奋的关键因素。

　　神经激素会对情绪记忆进行调节。大多数临床研究的局限是，在单个时间点观察到的受损表现可以反映四个记忆阶段中任何一个的缺陷，包括编码、整合、存储和检索。健康成人的精神药理学研究可以确认记忆的哪个阶段受情绪的影响更大。然而，必须考虑到延长神经激素作用的时间进程，因为应激激素对记忆的每个阶段都有不同的影响。

　　啮齿类动物的肾上腺产生的应激激素调节各种学习和记忆任务的表现。情绪情景引发肾上腺素和糖皮质激素系统复杂的相互作用，这些系统由下丘脑-垂体-肾上腺轴在中枢和外周的作用部位协调。肾上腺素释放在外周刺激迷走神经，传入终止于孤束核，这又投射到杏仁核和其他记忆相关的前脑区域。训练后注射肾上腺素 β 受体拮抗剂可阻断杏仁核的记忆增强作用，而注射肾上腺素 β 受体激动剂有助于记忆巩固。在基底外侧杏仁核和海马中，去甲肾上腺素可增强谷氨酸能突触可塑性，这被认为是学习记忆功能的基础。

　　肾上腺皮质抑制可以阻断主动和被动学习任务的记忆巩固，而注射糖皮质激素受体激动剂到基底外侧杏仁核和海马中可以增强记忆巩固。基底外侧杏仁核的病变调节了糖皮质激素在海马中的有效性，这暗示了这些区域的功能性结合增强了觉醒记忆巩固。因为应激和糖皮质激素的行为影响是由基底外侧杏仁核中的肾上腺素 α 和 β 受体激活的，不同应激激系统地记忆效应是相互依赖的。总的来说，啮齿类动物的研究结果被解释为是支持记忆调节假说的证据，情绪事件大于中性事件的长期记忆反映了内侧颞叶记忆区域巩固过程的神经调节作用，这是应激激素参与的结果。类似的神经激素机制也有助于杏仁核对大脑其他记忆加工区的影响，虽然行为的后果并不总是有利的。

　　人类已经开始研究情绪和非情绪记忆任务中的神经激素影响。在癫痫患者中，随着对迷走神经施加中等强度刺激，患者对散文段落的识别记忆增强。药理研究涉及肾上腺素和皮质类固醇对记忆的影响。肾上腺素 β 受体拮抗剂（如 propranolol，普萘洛尔）可在信息编码前减少情绪刺激的长期保留优势（相对于中性刺激来说）。相反，肾上腺素受体激动剂（如 yohimbine，育亨宾）可促进情绪记忆。然而，一项研究发现 40mg 普萘洛尔在编码后不影响情绪记忆，另一项研究发现了高剂量（80mg）普萘洛尔对情绪记忆短期和长期保留时间的影响。在短的保留间隔期间，普萘洛尔也会引起逆行性健忘症。未来对人类的研究需要分离肾上腺素调节作用期间的编码效应（影响短期和长期记忆），这种分离常表现在啮齿类动物中。

　　人类对情绪记忆的肾上腺素能作用是由位于大脑中的受体介导的。神经心理和功能神经影像学研究已经确定杏仁核是这些影响的可能中介物。在情绪唤起的单词或故事的记忆测试中，杏仁核的损害与健康对照者 β 受体阻滞剂的损害相似。此外，功能性神经影像学研究表明，肾上腺素的受体拮抗剂（普萘洛尔）可减少杏仁核在情绪刺激编码过程中的活动，在相同刺激的恢复过程中伴随海马活动的减少。

应激和糖皮质激素影响人类的情绪和非情绪记忆。在编码过程中，急性皮质醇给药或应激诱导的内源性皮质醇释放通常增强情绪学习和记忆。但是在检索过程中类似的操作损害了早期记忆的回忆。皮质醇的急性影响通常比中性刺激更强烈地刺激情绪，尽管一些研究在情绪和中性材料上发现了相似或相反的效果，在工作记忆测试中，心理社会应激或大剂量皮质醇给患者的行为造成损害，这与动物研究结果是一致的。

皮质醇对记忆影响的变化归因于多种因素，包括性别、应激持续时间（急性与慢性）、皮质醇剂量（其影响通常为倒 U 形）、内源性皮质醇水平。皮质醇剂量和昼夜节律变化与糖皮质激素或糖皮质激素受体亚型的相对占用有关。糖皮质激素具有不同的亲和力，从而对记忆功能有不同程度的影响。低剂量时，盐皮质激素受体激活占主导地位，与编码过程的情感增强有关，但通常没有记忆巩固的效果。在较高剂量时，糖皮质激素受体激活，结合肾上腺素的影响，有助于增强记忆巩固。与急性效应相反，老年高应激个体的基础皮质醇水平发生慢性升高。在某些神经精神疾病如抑郁障碍和创伤后，应激障碍中的应激出现反应性改变。甚至对于非情绪材料，可以导致海马体积减小和伴随的陈述性记忆缺陷。皮质醇引起的陈述性记忆检索障碍与内侧颞叶活动减少有关。然而，正如上面提到的工作记忆，应激激素系统投射到一组弥漫性的脑区（包括 PFC、小脑、下丘脑和海马），每个脑区都受到杏仁核调制，且对于不同的记忆操作有差异。

图像情感记忆编码。使用正电子发射断层扫描（PET）和 fMRI 的脑成像也可以区分情绪在不同阶段的情景记忆的影响，但特异性的神经解剖学远优于激素操作。此外，这些研究有可能揭示分布式脑区的功能性相互作用，以测试记忆调制的不足，并牵涉到附加区域的参与。大多数功能成像研究都对编码过程进行了研究。与记忆调制假说一致，个体差异对这些刺激的后来记忆与在杏仁核和内侧颞叶记忆区活动的编码情绪刺激有关。PET 研究初步证实，编码过程中杏仁核激活量与厌恶但非中性视频片段的延迟回忆准确性呈正相关。此外，编码相关杏仁核活动的半球分布存在性别差异，男性显示右侧偏侧效应，而女性显示左侧偏侧效应。当考虑杏仁核活动与记忆的关系时，性别二形性侧化模式更为突出，而情绪对知觉加工的影响则较少。情绪记忆性别差异的原因尚不清楚，这是一个当前研究的活跃领域。

fMRI 实验验证了杏仁核活动对情绪图像编码和延迟保持准确性的影响，及这种关系对自我报告的觉醒水平和性别的侧向化的依赖性。PET 和 fMRI 的时间分辨率不允许研究者区分瞬时情绪效应和持续情绪影响，并且不能根据情感评级或记忆从每个参与者的成绩（如检索成功或失败）来分析单个项目。此外，事件相关的设计允许区分与刺激处理相关的活动和任务需求，以揭示特定的反映成功编码操作的神经活动。这一范式通过比较情绪与中性刺激的 DM 效应（differences in subsequent memory effect），研究情绪对成功编码活动的增强影响。

事件相关电位（ERP）研究表明，情绪刺激的相继记忆效应（DM 效应）比中性刺激的 DM 效应（600～800ms）发生更快（400～600ms），表明情绪刺激可以压倒性获得处理资源。与记忆调制假说一致，fMRI 研究表明，情绪增强了杏仁核和内侧颞叶记忆区的 DM 效应。此外，情绪效应和中性项目的 DM 效应在内侧颞叶内的定位不同，前者在海马旁区，后者在后海马旁区。虽然内侧颞叶结构已被强调支持记忆调制假说，但研究者注意到，PFC 也参与了情绪的 DM 效应，与区域特异性调制的觉醒和效价有关。

记忆调制假说不仅预测在成功的情绪编码过程中杏仁核和内侧颞叶记忆系统有更大活动，而且它们在这些区域也有更大的相互作用。有几条证据支持这一预测。首先，PET 数据的结构方程模型显示，在呈现负性视频时，杏仁核与海马旁的相互作用比中性视频更大。其次，在有不同程度的内侧颞叶硬化症的癫痫患者中，左侧杏仁核的病理严重程度与左侧海马区的情绪编码活动呈负相关，并且与右侧海马的代偿性移位相关，而病理严重程度则与左颞下颌关节的病理严重程度呈负相关。左侧海马在杏仁核中产生类似的效应。最后，在健康受试者中，杏仁核和内嗅区的 DM 效应在情绪唤起而非中性画面的编码中呈正相关。杏仁核和海马也存在相似的情绪特异性 DM 相关。

关于杏仁核的功能，主流观点强调了它在记忆的编码和巩固阶段的作用，而不是在检索过程中的作用。啮齿类动物的研究表明，杏仁核也有助于恢复记忆后的情绪记忆痕迹的重新整合。在对人类的研究中，很少有神经影像学实验以情感情景记忆的检索阶段为目标。早期研究涉及纹外皮质、在情绪刺激检索时的颞前叶和杏仁核。由于使用组块的设计，这些研究遭受了与上述描述相同的局限性。最近，ERP 和事件相关的 fMRI 范式被用来研究检索中性刺激编码的情绪与中性背景。额叶、颞叶和顶叶部位的 ERP 改变区分了在情绪和中性环境中编码的项目，从情感情景中成功检索的项目在边缘结构（杏仁核、岛状和扣带）和额叶、额叶新皮质的各个区域激发了 fMRI 激活。情景记忆范式具有实验优势，即当情绪刺激被用作检索线索时，它们可避免情感对感知的混杂影响，但是他们评估情绪情景的检索而不是情绪内容，而这可能依赖于不同的机制。

调查情绪事件的同时控制混杂感知影响的一种方法是通过比较成功（命中）与不成功（错过）检索实验的反应来识别成功的检索活动。然后通过从中性刺激减去成功的检索活动来测量检索的情感增强。此外，通过使用扫描的参与者的响应，可以区分那些伴随着回忆感而不是熟悉感的情感记忆。这两种检索过程依赖于不同的认知和神经机制，回忆尤其是通过情感来增强行为。人们研究了情感内容对回忆或熟悉相关的成功检索活动的影响。参加者扫描原始编码后一年以避免混杂情感对检索的影响及对巩固的影响，这是使用短保留时间间隔（<1 小时）研究中的一个潜在问题。杏仁核、海马和内嗅区对中性图片的情感检索成功率较高。此外，类似于编码阶段的发现，杏仁核和内侧颞叶记忆区的成功检索活动的相关性比中性刺激更大。因此，杏仁核和内侧颞叶记忆系统的功能相互作用延伸到更远程的情感记忆的成功检索，特别是那些具有回忆意义的记忆，并且不限于记忆的编码和巩固阶段。

对旧的情感记忆的检索可以在自传体记忆中进行研究。逆行性健忘症支持 Markowitsch 的理论，对远端个体记忆的检索涉及下 PFC 及与通过钩突束的前颞叶连接的相互作用。脑成像研究证实了这些额颞叶区域及内侧 PFC、后扣带皮质、楔前叶和纹外皮质参与健康成人的自传体记忆检索。这些脑区将记忆链接到支持自参照处理和视觉空间图像的脑系统。情绪强度也会影响自传体记忆的感知和现象学特性，如记忆在检索中的再现程度、记忆的生动性和叙述细节。这些经验影响的神经生物学没有得到很好的表征。了解情绪如何改变伴随着自传体记忆的回忆体验，可以超越传统的基于实验室的模型来增进对情绪记忆的复杂、主观特征的认识。

第二节 条 件 反 射

在非陈述性记忆领域，巴甫洛夫（Pavlovian）条件反射提供了最广泛的研究情绪的学习模型，其神经机制在物种间高度一致。在恐惧条件下，受试者迅速地获得对先前无害刺激（条件刺激，conditioned stimulus，CS）的恐惧，并预测有害事件的发生（无条件刺激，unconditioned stimulus，US）。在没有增强的情况下，CS 的后续呈现出条件关联和恐惧反应的消退。在人类中，恐惧通常是通过皮肤电导或眨眼反射来测量的。与生物准备理论相一致，研究者可以在不知不觉中使用视觉掩蔽技术对恐惧相关刺激进行调节，包括蛇、蜘蛛、害怕愤怒的面部表情和其他社会群体的面孔。在缺乏对个体的认识的情况下，阈下恐惧能表征恐惧和焦虑是如何产生的。鉴于这种形式的情感学习在创伤性记忆形成、焦虑障碍（包括恐惧症）和药物成瘾中的推定作用，研究者已经做出了许多努力来理解条件行为的心理和神经机制。

在啮齿类动物中的研究阐明了杏仁核在条件恐惧学习中的关键作用。杏仁核的基底外侧核和中央核的损害阻止了对离散线索和环境情境的恐惧的获得。外侧杏仁核中的神经元将感觉信息与伤害感受信息整合，并提出形成介导 CS、US 共同形成的细胞集合。在恐惧条件下，电生理变化发生在外侧杏仁核之前的其他脑区，杏仁核病变可减少丘脑和皮质的突触可塑性。恐惧调节诱导长时程增强——突触可塑性的一种形式，被认为是学习的基础，沿着皮质的信息传递到杏仁核。诱导长时程增强后，杏仁核内各种细胞内的激活导致基因转录和蛋白质合成，从而产生细胞骨架和黏附重塑，进而稳定突触学习的功能性改变并保持恐惧。为了消除恐惧行为，腹内侧 PFC 通过参与抑制性中间神经元网络抑制杏仁核功能。在非人类动物中，这些观察集中在杏仁核中，这是一个以恐惧学习为基础的综合网络。

在人类中，杏仁核的损害始终损害破坏调节和恐惧增强惊吓反应，这类似于在动物中观察到的。因为杏仁核病变患者可以增强强化偶然性，并能对有害刺激产生无条件的杏仁核病变反应，这一发现暗示了内隐情绪学习机制的缺陷，而不是与显性记忆或恐惧表达有关的缺陷。相比之下，局限于海马的损伤性失忆症患者表现出相反的解离，他们可以在简单的任务上获得条件恐惧，但不能诉说适当的刺激关系。这些结果共同构成了杏仁核和海马对人类条件性情绪学习的双重解离。这种区别很重要，因为与啮齿类动物不同，人类获得刺激关系的有意识的知识，这可以在某些情况下改变学习[65]。神经心理学研究结果表明，简单形式的恐惧学习的陈述和非陈述方面是分离的。

虽然对感觉线索的简单恐惧调节最初依赖于杏仁核而不是海马，但调节的其他方面（包括消除恐惧的情景恢复）依赖于海马。伴随着灭绝训练的条件恐惧的抑制对环境操作非常敏感，并且随着时间的推移，消除的恐惧反应可以被更新或恢复，这取决于 CS 呈现的环境。动物研究表明，海马的完整性对于消除恐惧的情景恢复是重要的。人类的行为研究已经证实，在条件恐惧反应消失后，它们可以以相关的方式恢复。然而，选择性海马损伤的健忘症患者尽管通常会感受到恐惧，却没有表现出消除恐惧的情景恢复。因此，条件恐惧可以隐含地学习，但在没有完整的海马时缺乏适当的背景检索线索。海马、杏仁核和腹内侧 PFC 的相互作用被提出有助于消除恐惧记忆的环境恢复，尽管关系的细节尚未明确。在焦虑症中，背景因素有助于恐惧泛化、创伤记忆恢复和暴露疗法后的复发。未来在这一领域的工作具有极好的潜力，有望在揭示脑机制的基础上恢复潜在的情感和环境控制，直接参与情感障碍的治疗。

恐惧学习的神经影像学：健康成人的脑成像研究为恐惧学习的功能解剖提供了更多的见解。早期研究使用 PET 比较血液调节在适应和消亡阶段的调节，因为这种技术没有时间分辨率以区分响应 CS 和 US 的反应。随着事件相关 fMRI 的出现，在采集训练中瞬时提取由 CS 引起的 BOLD 信号变化成为可能，而不受与 US 输送的有关信号的污染。另一些研究已经确定了一组用于调节恐惧的获得的大脑区域，包括杏仁核和杏仁核皮质、丘脑、感觉皮质、前扣带回的内侧 PFC。

阈下而非阈上条件作用呈现的愤怒的面部表情引起杏仁核激活，同时促进与丘脑和上丘的功能性交互。这样的观察提供了间接证据，说明杏仁核在无意识恐惧学习中优先参与。当情绪联想最初形成时，杏仁核对条件恐惧刺激的反应通常在习得训练中最强。这与恐惧大鼠侧杏仁核神经元电生理反应相似。人类的杏仁核也参与恐惧的消亡，通过与内侧 PFC 和前扣带回的执行控制区域的相互作用，当它们不再相关时抑制恐惧反应。

第三节　可能的研究方向

　　情绪对学习和记忆的影响很大，涉及在不同的信息加工阶段参与的多个脑系统。陈述性情绪记忆的研究显示了额颞叶脑区是如何共同促进情绪唤醒事件的保留并从长期记忆存储中恢复的。情绪唤醒的记忆增强效应涉及皮质下和皮质结构的相互作用，并由杏仁核协调的中枢和外周神经系统参与。觉醒所带来的记忆促进似乎通过积极和消极的效价参与相似的大脑系统。与此相反，在没有高唤醒的情绪效价的保留优势部分归因于正面介导的语义和策略过程，受益于无杏仁核参与的陈述性记忆。杏仁核、PFC 和内侧颞叶记忆系统的贡献超出了记忆巩固的初始阶段，以启动对情绪记忆的检索，包括来自个体过去的记忆。自传体记忆研究证明，对激烈和遥远的事件的伦理和情感评估影响现象学的记忆，而不是记忆准确度。条件情绪学习的研究说明杏仁核、PFC 和海马是如何对特定线索和情景的恐惧的采集、消退和恢复做出独特贡献的。未来的实验应该更充分地描述情绪对其他记忆系统的有益影响，包括工作记忆、启动和程序学习，以及情绪对这些系统的有害影响。在近 10 年的进展中，认知神经科学的进展已经开始解开围绕人类情感体验的持续性的生物奥秘，这对于理解情感障碍中的记忆障碍具有重要意义。

（全鹏）

第十章 社会经济地位的神经电生理研究

社会经济地位（socioeconomic status，SES）与健康（身体和心理）和认知能力有关。理解和改善低社会经济地位问题长期以来一直是经济学和社会学的目标，近年来，这些也逐步成为神经科学的目标。

贫穷存在于世界各地，减少贫困是许多政府和组织的首要目标，除了食物、住所和其他基本需求明显的贫困外，社会科学研究表明贫困与不健康的生活方式、较高的精神疾病率和较低的认知能力有关。

受这些生理和心理疾病折磨的不仅是贫困人群，即使这些结果的风险最集中于这一群体。随着对分级的理解，人们对贫富差距的因素进行了更广泛的分析。除了收入和其他经济因素外，人们还发现教育因素和职业地位等社会因素与收入和财富聚集在一起，形成了一种被称为社会经济地位的结构。

贫困研究与社会经济地位研究存在着明显的相互关联，在这些研究的讨论中，相关概念的区别并不总是明确的。直到最近神经科学家才开始试图了解社会经济地位。现有研究主要集中于阐明社会经济地位的神经相关原因及对人们生活的影响。生命早期社会经济地位的许多后果影响了成人后的大脑神经机制。心理健康和认知能力与神经过程显著相关。经验上已经证实的是大脑在易患病如心脏病、脑卒中、糖尿病、关节炎和癌症等身体疾病方面的作用，以及在转导和调节压力及随后的内分泌和免疫反应方面的作用。

《柳叶刀》最近出版的关于低收入和中等收入国家儿童发展的系列文章广泛地涉及神经科学和大脑发展[66]。神经科学已被纳入政府的儿童政策。两个有影响力的报告已经提交给英国政府。在美国，哈佛大学发展中心研究人员的著作中提到了神经科学的影响。神经科学甚至被认为是一种有效地指导扶贫政策的来源。神经科学能够立即、实际地应用于社会问题，在大众媒体中得到广泛的表达。如在 2016 年，《新闻周刊》发表了一篇关于贫穷的文章，宣称《神经科学》现在已经把环境、行为和大脑活动联系起来了，并导致教育和社会政策的彻底改革。

这种观点的目的是评估神经科学作为对贫困政策的指导的作用。本章为考虑社会经济地位的神经科学是否具有实用前景及如何应用，提供了一个简短的科学概述。那么，从脑科学视角，经济社会差异是否会增加研究者帮助贫困人群的意愿，或赋予他们特定的社会价值观呢？

第一节 社会经济地位的神经科学

研究者使用神经科学工具研究认知功能和情绪功能的社会经济差异，包括使用脑电图（EEG）、事件相关电位（ERP）、结构和 fMRI 的研究[67-69]。这些研究的目的是表征不同水平的社会经济地位，并将这些能力与幸福的差异与其潜在的原因及行为差异进行分析。动物研究也通过假设与人类社会经济地位相关的因素的影响及社会经济地位差异与大脑差异相关的途径来检验因果关系的问题。

不同的生活逆境至少部分地通过不同的机制影响大脑的发育和功能。社会经济劣势（其本身是多因素的，并且因环境而有所变化）与其他危险因素（如虐待和忽视）不同。许多逆境倾向于共同发生，但不一定以同样的方式影响大脑。Sheridan 和 McLaughlin 区分了剥夺和威胁的影响，在不同的神经相关因素中，贫困和虐待可能以不同的比例运作[70,71]。因此，对不良儿童体验的影响或累积压力的结果[72]是研究更侧重的方向，不应该被假定为贫困或低社会经济地位。

第二节　社会经济地位的神经相关

关于社会经济地位，有一个简单的、描述性的问题：社会经济地位是否具有可测量的神经相关性？如果是，那么大脑的哪些特征与社会经济地位相关？这个问题已经在儿童和成人的大脑结构和脑功能的研究中被提出，大多数研究常集中在脑区差异上，但同时也越来越关注大脑网络。如通过分析儿童和青少年的结构 MRI，Noble 和同事的研究发现，当遗传等为协变量时，皮质表面积的区域特异性差异与家庭收入和父母教育水平有函数关系[73]。当控制教育和其他协变量时，收入对表面积的显著影响在双侧额下、扣带回、脑岛、颞下区域、右额上皮质和楔前叶仍然存在。此外，皮质表面积和社会经济地位的关系被证明是最强的，即使是在最低社会经济地位水平。社会经济地位在所有收入和教育水平上与皮质表面积呈正相关关系，但贫穷和接近贫困的差异最重要。

有关神经结构和加工的质性差异的问题也开始得到解决。一方面，社会经济地位可以简单地影响大脑某些脑区，同时促进或损害能力或健康。另一方面，它可以缓和大脑和行为的关系，使得具有较高或较低社会经济地位的个体以不同的方式使用他们的大脑来执行相同的任务。作为支持后一种可能性的研究结果，研究儿童算术运算的神经相关的研究发现社会经济地位调节行为和大脑激活的关系。在高社会经济地位家庭的儿童中，与语言表现相关的区域（包括左颞中回）的活动跟踪数学能力，而在低社会经济地位家庭的儿童中，能力与空间加工相关区域的活动更密切（包括右顶叶沟）[74]。

神经科学家研究社会经济地位的另一类问题涉及社会经济地位与大脑关系的心理重要性，即大脑差异是否至少是认知或情绪心理社会经济差异的一部分。在许多情况下，社会经济地位与大脑结构或活动的关系部分或完全地解释了社会经济地位与研究者感兴趣的心理测量的关系。如一项研究在健康青年的大样本中进行结构成像，并评估了与抑郁症相关的一组人格特征[75]。这项研究表明，家庭社会经济地位和抑郁症相关性状的关系部分可由内侧前额叶和前扣带回皮质的体积解释。其他研究也产生了类似的发现，如对上述皮质表面积的社会经济地位差异的研究也发现这些认知差异可能引起社会经济差异[73]。

第三节　社会经济地位与大脑功能的联系机制

归根结底，社会经济地位如何与大脑结构和功能联系起来？几十年来社会科学界关于社会经济地位与心理相关性的争论表明，因果关系的不被承认是理所当然的。社会经济地位的机制问题很难回答，部分因为社会经济地位是远端因素。社会经济地位的收入、教育和其他维度是风险的指标，但它们本身并不直接影响儿童或成人大脑。相反，它们与其他具有因果作用的更近端因素相关。这些近端因素包括营养、毒素暴露、产前健康、认知刺激（包括语言相互作用）、压力、父母行为（特别是注意力和温暖）及与社会经济地位相关的可能的遗传差异。

越来越多的研究测量了社会经济地位的一个或多个候选中介因子，并测试了它们是否能统计地记录社会经济地位和脑结构或活动的一些或全部关系。如母亲的生活压力和父母养育行为的质量一起充分地介导了儿童的社会经济地位和海马体积的关系[76]。这一发现与压力和父母教养方式的差异一致，是社会经济地位特定神经相关的近端原因。其他人类神经科学研究已经测试了有关社会经济地位与大脑结构和功能的因果因素的假设，并且也进行了特定的近端原因如应激和其他社会经济地位相关环境因素的动物研究。当然，识别近端的物理和心理社会因素只能带来对社会经济地位和大脑的生硬理解。这些因素是通过细胞和分子过程转导的，其中研究者对社会经济地位有一些一般的认识，但没有透彻的理解。青少年的 *5HHT* 基因应激相关甲基化的纵向研究，是阐明这种机制的一个示范性步骤[77]。在两个时间点，低社会经济地位的青少年比高社会经济地位的同龄人的甲基化增加更大，这与杏仁核反应和抑郁症状有关。

随着该领域被更多地了解，关于机制的问题变得越来越微妙，如在儿童期和成年期的不同阶段，大脑发育的机制与大脑结构和功能相关，大脑衰老的其他机制是否也在老年人的大脑中表现出来？在研究儿童社会经济地位与皮质厚度的关系后，研究人员发现低社会经济地位家庭儿童的皮质厚度下降较早较快[78]。这项研究的研究者认为，这一发现是由于社会经济地位在认知和语言刺激上相互作用、参与突触修剪和髓鞘形成的过程，这是对经验的反应，并有助于大脑皮质功能的细化。此外，他们指出，有证据表明，早期生活压力可以加速大脑发育，潜在地导致早熟变薄，并最终关闭对环境影响的敏感期[79]。在通常表现为皮质变薄、白质完整性下降和海马体积丢失的老年人中，这些效应被相对更低的社会经济地位放大[80]。考虑到社会经济地位的多因素性质、脑发育和功能的多样性，社会经济地位的神经相关似乎可能通过多种不同的机制出现，并在不同的年龄、大脑结构和功能的不同方面负责。

第四节　理解社会经济地位的差异

神经科学能以任何实质性的方式来帮助研究者了解贫困及其伴随的不利因素吗？学术界对此意见有分歧。早期将神经科学与围绕儿童贫困的更大的社会问题结合起来的研究在当时引起了极大的反响，但也因为未能将神经科学与社会问题联系起来而受到批评。

神经科学方法对理解社会经济差异的一个优点是显而易见的，即使在生命的早期阶段，神经测量也能够揭示社会经济地位较高和较低的个体差异，而这些差异在传统的行为测量中并不明显。这种优势是真实的，即使研究者寻求理解的差异是心理上的，因此可更典型地通过行为（如任务执行或调查响应）来衡量。如在一些研究中，ERP 揭示了儿童在两耳分听任务中过滤不相关声音的程度存在社会经济地位差异。虽然 ERP 在这些研究中对注意力差异的敏感性高于同时收集的行为实验结果，但这些研究均未发现与社会经济地位相关的绩效显著差异。这种措施的问题在于，行为效应太小以至于不能在单个实验的测试阶段观察到，尽管如此，它仍然可能很重要。它可以在现实世界中具有累积效应或时间效应。换言之，更大的行为样本或来自不同任务的样本可能比这些研究中使用的 ERP 方法更敏感地检测到差异。所以神经科学并没有表现出相比传统行为实验的优势。但是在某些情况下，神经科学比传统行为实验能更好地预测结果[81]。

神经科学的另一个重要优点是，它能够揭示大脑中的质性差异。不仅是脑活动、体积或皮质厚度的函数更是不同的大脑工作模式的函数。行为测量的社会经济地位差距通常采取社会经济地位和任务绩效的正相关关系，这是一个简单的定量关系。在某些情况下，神经差异遵循相同的趋势，但在其他方面，神经差异似乎是定性的。如在上述对儿童算术能力的研究中，社会经济地位调节了大脑的行为关系，表明具有较高和较低社会经济地位的儿童在执行任务时使用不同的神经认知系统，而不依赖于神经认知系统的能力水平。正如神经测量的更高灵敏度一样，揭示定性差异的能力并不是神经科学方法的内在优势。然而，对计算处理中的质性差异的洞察直接来自脑成像的多变性，它可以表征不同脑区激活的程度。

使用神经科学的概念和方法来理解社会经济地位的最显著的优点是，神经生物学与心理或行为结果的某些关系可能是确定的，这可以从一个与社会经济地位相关的心理学现象的例子中清楚地看出。学校的标准化成绩测试中社会经济地位相关的成绩就是这样一个例子，研究者至少可以期望从学校质量、学术成绩及许多其他因素来解释它，这些因素与社会经济地位和考试成绩的关系可以用"信心-欲望"（belief–desire）来度量。虽然研究者还提出了其他神经生理中介的社会经济地位与学校成就关系的理论[82]，但目前，研究者不知道他们是否增加了洞察力或预测能力以外的心理解释。

相反，一些心理现象可能是从大脑发育和功能方面产生的，这只能用生物学来解释。例如，生物因素与神经的影响，可解释社会经济地位行为和心理的差异。在环境方面，这些因素包括产前和产后营养缺乏，以及与社会经济地位关联的环境毒素暴露。它们还包括协同作用，这些因素相互影响，表面上是非物质的社会经济因素，如父母教育。最后，那些期望用基因解释社会经济地位差异的理论不需要非常深入地去发现根本的神经生物学机制。

即使社会经济地位的差异可以用纯粹的心理学术语来描述，但它们的机制可能是基于神经的。如社会经济地位水平低的个体的抑郁症发生率较高，与其低社会经济地位带来的心理压力有关。这一发现在人生早期经历的压力中尤其明显，这增加了整个生命周期中抑郁的风险。为什么会这样？仅根据心理学进行推理，尚不清楚为什么早期低社会经济地位的压力会使个体在日后更容易产生抑郁情绪。目前的研究有助于解释压力中介的破坏，如前额叶皮质、海马、杏仁核和奖赏系统，这些是在整个生命周期中调节情绪和应激反应所需的结构[83]。基于动物和人类的研究，现在可以更详细地帮助了解早期生活压力（不是社会经济地位）影响这些区域发育和功能的途径[84]。这些研究还突出了父母在缓冲大脑发育免受压力影响方面的调节作用[85]。而且，这种护理也会影响社会经济地位对人类海马体积的影响[86]。上面提到的青少年 5HHT 基因甲基化的研究是从心理学现象的神经生物学解释中得出的具有解释性优势的另一个例子。

第五节 展望未来

正如 Pavlakis 和其同事所指出的，随着神经科学的发展，大脑结构和功能可能成为心理的生物标志[87]。基于目前的科学知识，我们保守地推测，这些措施可以表明未来低认知障碍儿童面临的认知和教育问题的风险。这种方法利用了早先讨论的神经测量的特性：这些措施（包括相对便宜和便携式脑电图）比行为数据更能作为敏感的预测因子。这种生物标志在婴儿和儿童的语言行为中尤其有价值。其对幼儿的干预措施可能是最有效的，生物标志的预测优势是更重要的[87]。

除了它们在临床或教育实践中的使用，这些生物标志将有助于研究干预的有效性。类似于使用生物标志作为临床试验中针对阿尔茨海默病的选择标准或终点措施，适当验证社会经济地位差异的生物标志可作为后期行为结果的代表和先兆。沿着这条思路，在生物标志的帮助下，研究了旨在帮助弱势个体的干预措施[88]。最近推出的干预研究将纳入脑电图结果的措施[89]。另外有一个雄心勃勃的计划是，研究和加强某国贫困人口的儿童发展也将纳入功能近红外光谱（functional near-infrared spectroscopy，FNIRS）新技术[90]。

神经科学揭示的心理过程中质的差异可作为预测社会经济地位的依据。如上所述，研究已经证明了在不同的社会经济地位儿童中进行算术运算的不同方式。这些发现的积累将对教育政策产生影响。具体而言，将在学术领域显示社会经济地位差异。

在可预见的将来，发育神经生物学的研究也可能为人类提供可操作的干预措施。关注产前大脑发育，将为终身认知能力和情感健康发展奠定基础。虽然减少压力、毒素暴露和营养缺乏是一个很好的目标，但对于任何生命阶段，产前的特定简短窗口期特别重要。发育神经生物学似乎特别可行和有效[91]。如母体社会经济地位已被证明与产前应激-免疫系统相互作用有关，而这又与生命周期的第一年婴儿脑发育有关[92]。此外，妊娠早期皮质醇水平已被证实在 7 岁时影响杏仁核体积和儿童行为[93]。

我们也可以设想基于儿童时期脑发育的细胞机制的具体建议。如低社会经济地位可能导致过早降低可塑性并随之减少学习机会的可能性（如上文所述）。未来需要寻求潜在的可改变的具体因素。这些因素可能包括饮食、内分泌、心理社会环境和肠道微生物群[94]，将为我们提供额外的潜在干预途径。

最后，人们在产前和产后生活中发现了与社会经济地位相关的表观遗传变化[95]。研究者建立了早期生活应激和育儿的动物模型[96]，通过详细的分子途径明确了环境刺激与脑内基因表达的途径。当研究者了解社会经济地位相关的表观遗传学变化及其对大脑和行为的影响时，研究者将拥有丰富的潜在可操作的知识。这些知识包括环境中的干预目标或与药理学相结合的疗法。

上述的任何一种可能性目前看来都是可行的，但都需要等待几十年的科学进步来证实。

（全鹏）

第十一章　慢性疼痛的神经生物学基础

慢性疼痛是最大的致残原因，在许多保险和医疗法律案件中，都涉及与慢性疼痛相关的索赔。脑成像技术（如 fMRI、PET、EEG 和脑磁图）被广泛认为有可能用于评估慢性疼痛患者的诊断和治疗效果。国际疼痛研究协会（International Association on the Study of Pain，IASP）的工作组研究了脑成像在慢性疼痛诊断中的作用及以这种方式使用的伦理和法律含义。IASP 工作组强调，在疾病的发现阶段使用脑成像可能增加研究者对慢性疼痛的神经生物学基础的了解、告知治疗的发展并评估治疗效果用于个性化治疗疼痛。在任何脑成像测量被认为适合于临床或法律目的之前，任务组提出了必须满足的证据标准。这些证据在法律案件中的可接受性很大程度上取决于不同司法管辖区的法律。由于这些原因，IASP 工作组得出结论，使用脑成像结果来支持或反对疼痛测谎仪对慢性疼痛的有效索赔是不必要的，但成像可用于进一步了解疼痛的机制。

在疼痛研究领域，成像技术的发展正在逐步使客观评估疼痛成为可能。在临床背景下，这些发展可以帮助医生理解和治疗慢性疼痛。然而，成像技术的发展引发了使用这种技术来评估慢性疼痛的适当性的法律和伦理问题。开发这些技术的科学家必须对其在科学和临床环境之外的使用负责。

慢性疼痛被定义为，疼痛存在于>3 个月或超出预期的愈合期，并且不具有急性疼痛的警告功能[97]。慢性疼痛与巨大的个体和社会成本有关。患有慢性疼痛的个体常具有低生活质量和未得到满足的治疗需求，而社会正努力应对大量患有这种疾病的人。慢性疼痛影响着高达 35% 的人口，医疗费用、工资和生产力的损失正在升级[98]。研究者正在努力改善慢性疼痛患者的预防、治疗和康复。慢性疼痛也是许多患者、医疗保健系统和残疾福利提供者之间法律纠纷的主题，其中对患者是否正在经历疼痛的证据或反证可能影响医疗保险支付。因此，有必要研究各种慢性疼痛是否可以被客观地识别，特别是当其为保险和法律目的提供证据时。

鉴于国际疼痛研究协会定义疼痛是一种令人不愉快的感觉和情感体验，自我报告虽然主观，但仍是疼痛评估的金标准。在药物开发和临床治疗中，研究者和临床医生依赖于疼痛的自我报告（连同生活质量的其他指标）来评估患者的病情和治疗效果。然而，包括患者、研究者、临床医生、制药和医疗器械公司、保险公司和法律团体在内的不同群体均在寻求除了自我报告之外的评估慢性疼痛的方法。

脑成像技术，包括 fMRI、PET、EEG 和脑磁图，有可能为我们提供大脑活动模式的客观测量，这是感知体验的基础。因此，一些人正在就脑成像技术进行研究，以期为慢性疼痛的体验提供一个窗口，特别在基于 fMRI 的证词被认为是美国 2015 联邦法院的疼痛证据的背景下[99]。此案被高度宣传，但判决没有公布，因此没有法律先例并且 fMRI 证据被接纳的理由在疼痛脑成像研究中受到了专家的批评。

在这种情况下，慢性疼痛脑成像测试的发展具有指导现实的意义，因此必须定义使用这种测试的适当标准[100]。重要的是，大脑成像证据有望在法律案件中得以实施。国际疼痛研究协会的工作组研究了基于脑成像的慢性疼痛诊断实验的可行性。该工作组的成立有三个目的：①考虑脑成像（特别是 fMRI）的能力，并根据其技术和生理限制，检测个体是否具有慢性疼痛；②将脑成像能力作为诊断慢性疼痛的标准；③建立健康保健系统、政府和法律政策制订者关于采用基于脑成像的疼痛测试的有效性和伦理的指导方针。工作组成员提供了脑成像技术、疼痛的基础和临床科学、心理学、神经伦理学和法律等领域的专家意见。成员通过非正式的面对面的会议、电子邮件和电话会议相互讨论，以考虑他们任务的范围和实现目的的方法。该工作组形成了六个工作小组以讨论不同的主题。虽然工作组专注于标准的 BOLD fMRI，但也确实注意到了其他成像技术，如 PET 和动脉自旋标记（ASL），并可以测量慢性疼痛中的脑血流，但这些技术尚不能被广泛应用。工作组还注意到 EEG 已被用来评估刺激诱发异常与神经病理性疼痛，评估广泛存在于不同人群中不同类型的慢性疼痛。

第一节　疼痛与神经影像学

为了讨论在任何环境中的疼痛评估，常用术语的含义必须清楚。在临床、科学和法律设置中，疼痛相关术语的常见误用包括不当伤害和疼痛的合并、诱发和持续疼痛的合并。

一、疼痛与伤害感受性

IASP 将疼痛定义为与实际的或潜在的组织损伤相关的不愉快的感觉和情绪体验，或根据损伤和伤害感受来描述编码伤害性刺激的神经过程。因此，在这些定义的基础上，疼痛是一个复杂的、多因素的、突出的体验，它包含多个元素。感知伤害的感觉包括感觉辨别特征（如强度、质量和位置）、认知评价特征和情感动机方面[101]。此外，慢性疼痛包括痛苦和残疾，它们通常损害人们日常生活的功能活动。

疼痛和伤害感受通常是相关的，但并不等效，并且可以彼此独立地发生。鉴于痛苦是感性的，只有在个体经历它时，它才能通过内省和诚实的自我报告来被确定。与此相反，伤害感受可以在没有个体意识到的情况下发生，它不总是依赖于意识。如研究人员可以在麻醉状态下的人身上检测到伤害性的可测量的迹象，即使研究对象没有有意识的疼痛体验存在。fMRI 和其他脑成像技术可测量大脑活动的指标，这些指标可以提供伤害感受和推断疼痛的信息，但是脑成像数据只能作为疼痛的替代性指标。因此，任何关于基于疼痛的大脑成像和活动的个体主观疼痛体验的假设必然是基于推理的（如基于个体行为的疼痛推断）。

诱发疼痛可发生在急性或慢性疼痛状态。这种刺激既可以是平时疼痛的刺激，也可以是通常不疼痛的刺激（如对晒伤后皮肤轻微接触所产生的痛觉过敏）。自发性或持续性的疼痛是脱离显性外部刺激的疼痛。不正常的疼痛状态可能涉及持续的疼痛、诱发的疼痛或两种类型兼而有之。诱发和持续疼痛的区分是必要的，因为它们的评估与脑成像需要不同的采集参数和方法。

二、疼痛变异性

疼痛的经历在个体内和个体外变化很大，这种变化对使用脑成像结果作为急性或慢性疼痛的客观生物标志提出了挑战。在个体中，有害刺激与随后感知疼痛的联系不是直接的。伤害性信号通过自上而下的控制来调节大脑、通过自下而上的因素（如同时的非伤害性输入和其他调节因素的抑制）来形成感觉输入。此外，有害刺激的强度与疼痛程度的关系通常在实验研究中更直接（相较于在临床背景下），其中刺激和环境可以被控制。这一观察突显了将伤害感受系统的实验室研究结果转化为真实世界中的疼痛体验的结论的困难。

疼痛的经历和相关的大脑反应也受到心理因素的影响，包括学习和记忆、人格特征和状态、认知、情绪、动机、环境和文化变量[102]。注意力集中程度、疼痛缓解的预期、安慰剂也可以改变疼痛和诱发脑活动的体验[103]。慢性疼痛可以改变涉及内源性疼痛控制的脑通路[104]，从而对疼痛进行自我调节。这种形式的大脑可塑性在慢性疼痛的不同个体有所不同，这增加了疼痛处理的变异性，并可能危及治疗。

三、疼痛影像学

电生理学和影像学研究表明，刺激诱发急性疼痛与许多属于不同功能脑区的活动有关，而与脑内疼痛中心的活动无关，包括与有害刺激和对伤害性刺激反应的编码信息相关的区域、对这些信息的调制、情感解释的产生、注意和情绪反应及决策[105]。这些脑区包括躯体感觉、脑岛、扣带回、前额叶皮质和皮质下区域，包括杏仁核、海马、下丘脑、腹侧纹状体、丘脑、中脑导水管周围灰质、延髓腹侧、其他脑干区和小脑[106]。这些区域的神经元振荡在频率上是不同的[107]，形成了动态的、灵活可访问的脑网络，该子网络有多种功能。

重要的是，这些脑区参与与疼痛的感知相关的事实并不意味着所观察到的皮质活动对于疼痛的感知是必要的。这些脑区活动的歧化、伤害性刺激和知觉的强度疼痛已在多个研究中得到证实。

原来的身体自我神经矩阵概念导致人们常使用术语——疼痛矩阵来描述涉及疼痛体验的大脑区域。然而，这一术语由于几个原因而被取代了，因为它指的是一组受限制的脑区，并且这些区域的活动对疼痛的反应是特异性的。观察这组不明确脑区的活动可以推断出疼痛经历，这会导致关于这些区域中神经元活动与疼痛有关的许多混淆[108]。然而，这个推断是机器学习和相关解码技术发展的起点，目的是识别更精确定义的活动模式。

除了区域性活动之外，急性和慢性疼痛还与内在的大脑网络（也称为休息状态网络）有关，如默认模式、显著性和体感网络，它们共同维持机体的内稳态、注意力、认知、情绪、执行和感官功能[109]，同时可改变其功能连通性。这些网络的边界不存在单一定义，但是在大规模静息态研究中定义的显著网络和体感网络广泛地与通常包括在疼痛矩阵中的区域重叠。这些内在网络和自上而下的控制系统的结合，在经历了痛苦和长期的时间框架时，被称为疼痛动态连接。然而，动态连接发生在一个个体正在经历疼痛时，并不足以断定这种活动是疼痛的标志，也不能说明它与疼痛相关。为了得出这个结论，该动态连接必须与疼痛的主观报告有关。

四、从大脑活动中解读疼痛

伤害性刺激触发了广泛的认知、情感、动机、自主和运动过程，这些过程不是特定于疼痛的，而是多维性疼痛体验的一部分。因此，与疼痛相关的大脑活动的许多特征不是特定于疼痛的。因而在当前的脑成像技术的基础上作出关于一个个体是否正在经历疼痛的推断是不妥的。然而，人们正在努力从大脑活动中解码疼痛[110]。研究者正在进行类似的努力，以预测脑结构的疼痛，如灰质体积和白质连通性[111]。

单因素和多变量方法已被应用于疼痛的脑成像数据的分析。在单变量方法中，人们单独分析某个特征以区分该度量中的刺激的正常和异常响应，从而确定该度量与疼痛感知的关系。特征可以与网络中或特定脑区的激活位置、大小或空间范围、功能连接性有关。这些变量与行为测量相关，如报告的疼痛体验。多变量方法将脑成像数据的多个特征集成到一个综合预测模式中[112]。机器学习和统计技术经常被用于识别这些数据中的模式，并被优化以联合预测患者状态、疼痛体验、镇痛和其他结果。这些方法至少在一定程度上已经成功地应用于从大脑活动模式中解码刺激诱发的急性疼痛的某些方面[113]。

解释这些分析时我们需要谨慎，这是因为有几个重要的限制条件：①疼痛的成功检测并不意味着疼痛的体验是预测性大脑特征的测量，机器学习可能会锁定与疼痛相关的特征（如显著性）而不是疼痛本身，这是反向推理问题[114]；②成功预测疼痛并不意味着预测的脑生物标志对疼痛的体验是特定的，这样的神经标志必须在许多类型的疼痛和非痛苦的条件下进行测试，以经验性地确定它响应的和不响应的[115]；③神经成像标志也许不能推广到所有类型的疼痛，或不能应用到所有个体，这方面也必须通过经验测试；④疼痛的预测并不意味着预测活动与疼痛体验的因果关系。

迄今为止，大多数研究工作都涉及识别反映慢性疼痛的重要机制和神经生理学过程的神经标志物的尝试[116]。鉴于疼痛的体验有不同的影响，从伤害感受到社会背景，我们很难发现一个单一的神经标志能反映在所有情况下所有方面的慢性疼痛。

第二节 慢性疼痛的评估

慢性疼痛目前通过病史、临床检查、问卷调查、行为测量和偶尔的实验室检查来评估。大多数慢性疼痛的主要症状是独立于刺激的疼痛。这种自发的、持续的疼痛可能是稳定的，或可能随着时间的推移而波动。在某些情况下，慢性疼痛与感觉刺激的超敏反应有关，或与疼痛感受（改变诱发疼痛）的伤害感受刺激脱离。慢性疼痛可发生在疼痛区域（如神经病理性疼痛）或可识别的病变中，或没有组织损伤甚至没有任何外周输入的情况下，如中枢神经性疼痛（如与脊髓损伤和卒中相关的疼痛）。改变电、神经免疫和神经化学信号的神经病理学可能无法用现有的非侵入性技术来检测。慢性疼痛常伴随着各种各样的情绪、认知和动机改变，包括精神障碍，这使得识别慢性疼痛的特定神经成像标志变得十分复杂。

相比急性试验性疼痛（人工诱发的疼痛），慢性持续性疼痛的成像需要采用不同的方法。慢性持续性疼痛在脑成像过程中可以保持恒定或缓慢变化，该成像过程本质上不同于传统成像技术，如刺激诱发的 fMRI。此外，慢性疼痛包括疼痛经验的唤醒程度和其他可能失调的脑过程，这有时不是健康人急性试验性疼痛的特征。因此，研究者不能假定慢性疼痛与急性试验性疼痛所观察到的脑特征完全相同。

原则上，功能性脑成像可以测量与慢性疼痛相关的三种类型的活动，包括诱发活动、无任务静息态的脑活动、与正在进行的临床疼痛的特定属性相关的活动。

一、诱 发 活 动

在某些情况下，慢性疼痛伴有痛觉过敏和痛觉异常，即外周或中枢敏化的迹象。敏化可以通过应用短刺激、多水平刺激来表征刺激反应函数从而进行研究。通过这种方法，研究人员可以确定在慢性疼痛患者和健康个体的刺激诱发的脑反应，由施加到同一患者的受影响区域和未受影响区域的刺激引起的响应的差异，识别与疼痛体验同步的波动，识别与疼痛强度相关的脑反应及与知觉相关的大脑活动。活动与疼痛体验的关联在慢性疼痛中尤其重要，因为诱发的疼痛反应可能与所施加的刺激的时间和持续时间不同步或完全脱离。

二、静息态下的脑活动

静息态或无任务时的脑活动在许多类型的疾病中被广泛地评估。静息态 fMRI 是在没有任何明显刺激或任务的情况下获取 fMRI 数据。这些数据可以用来测量与自发思维过程和正在进行的神经、生理维持过程相结合的脑功能连接。在慢性疼痛中，这些过程包括参与持续疼痛的过程。此外，大脑活动的变化可以为我们提供大脑健康、疼痛敏感性和脑塑性能力的信息。这些措施可以在患者和健康个体有所不同，与疼痛的特征和疼痛的危险因素或时间顺序有关，所以可以在临床上应用。这种方法的一个挑战是，与疼痛相关的静息态连接模式的任何特定变化的性质尚未确定，因为模式在一定范围的临床条件下可被改变。这种不确定性使得我们不清楚它是否与任何特定模式相关，如痛苦本身、自发的思想或其他相关的过程。

三、持续的临床疼痛

慢性疼痛患者可经历通常没有明显的外部原因的、持续的疼痛。这种类型的疼痛可以随着时间的推移而变化，并且这些动态可以参与与情绪、认知和动机过程相关的大脑区域和网络。然而，持续性疼痛与刺激诱发的短暂疼痛的脑成像可能完全不同。

由于 PET 或 ASL 的脑血流量测量可用于检查正在进行的临床疼痛，因为这些技术是定量的，不需要外部刺激的输送。早期的 ASL 研究受到相对较弱的血流测量信号的限制，这通常需要通过增加疼痛的操作来提高[117]。但是现代 ASL 方法、扫描仪和分析及改进的试验范式，弥补了这一局限性。另一种方法是测量随时间变化的动态脑连接性，以识别与所报告的持续疼痛水平不同的连接模式。这种方法揭示了慢性疼痛状态的默认模式和显著脑网络的改变[118]。然而，一个潜在的混淆因素是，对正在进行的疼痛的判断和报告可能导致大脑加工模式的变化。

由于疼痛的特殊性质，在疼痛过程中的慢性疼痛成像具有挑战性。这些挑战包括患者内部和患者的成像变异性、成像结果的特异性、反向推理的可能性及各种技术和统计问题。

四、患者的成像变异性

在数百名健康人中的脑成像研究一致性良好、能够在群体水平上识别出一组核心区域，以应对急性有害刺激。然而，个体差异、诱发激活的具体模式变化很大。几十种不同慢性疼痛状况的影像学研究发现，与年龄匹配和性别匹配的健康对照相比，患者的脑成像有一些普遍性异常，但这些发现在个体层面上有所不同。此外，识别一致的疼痛相关的激活或功能连接在个体大脑是具挑战性的，这不仅是因为健康人和患者的差异，而且因为从单个个体获得的数据具有较低的统计能力。此外，每个个体在时间上的每一刻都是由感觉、认知、情绪和动机过程（及生理和人口状态）对疼痛体验的独特贡献所标志的。因此，与急性和慢性疼痛相关的脑活动随着时间、人和环境变化而变化。

多变量、基于机器学习的措施已经确定了一个核心疼痛相关的网络，使跟踪人的疼痛变化的限制队列。这一发现相当鼓舞人心，但该模型是不完整的，因为这些措施没有捕捉整个疼痛体验（如质量和情绪）、没有考虑注意力或显著性的变化。此外，在影响 fMRI 信号的人变量（如咖啡因、血细胞比容、与衰老和疾病相关的神经血管系统的变化）和参与口头报告或决定的信息处理过程降低了预测疼痛的准确性。某些个体比其他个体更痛苦。因此，不存在年龄、性别、种族和其他相关变量的急性疼痛反应或功能连接性的标准数据库，以使其与呈现慢性疼痛的个体进行比较。

人们目前没有发现哪个脑区或脑网络能专门连接到慢性疼痛。此外，许多与慢性疼痛相关的过程也可在许多其他状态中发生。如在慢性疼痛状态中观察到的许多异常也存在于抑郁、焦虑或其他条件中。这种慢性疼痛与其他不一定与疼痛相关的过程和与精神障碍共存的过程的重叠，意味着缺乏疾病特异性是目前基于脑成像的慢性疼痛诊断测试的根本问题。

五、现有研究存在的问题

反向推理是对大脑精确解码的最大挑战。我们应如何确定个体是否正在经历慢性疼痛呢？反向推理或可对此提供帮助。它是指从给定的大脑激活模式推断特定的精神状态（如对疼痛的感知）。这种推断的正确性取决于该模式中的激活与其因疼痛而发生的特异性[119]。当经历疼痛时，大脑的活动模式启动，但当疼痛没有经历时，这种模式是否也经常出现呢？此外，许多与慢性疼痛相关的过程不是疼痛特异性的，因此确定当疼痛存在时网络被激活的频率是不够的，我们必须证明，当没有疼痛时同样的网络不被激活，即必须用足以建立特异性和敏感性的数据来证明疼痛的推断。重要的是，一些与疼痛相关的脑成像反应在同样显著而非痛苦的刺激反应中也被观察到。这一结果表明疼痛的体验是大脑活动的直接结果，虽然这一推测可能是错误的。证明给定的 fMRI 响应模式（或实际上任何疼痛生物标志）作为测试具有高灵敏度和特异性，并不一定意味着源自该疼痛生物标志的神经活动对应于以疼痛作为知觉出现的神经活动。

脑成像数据高度依赖于研究设计、变量、数据采集、成像参数、数据预处理和统计分析方法及所使用的统计显著性水平。目前，我们既没有建立检测慢性疼痛的金标准，也没有统一的程序和质量控制标准[120]。此外，fMRI 信号、神经血管耦合和神经元活动的关系还没有被完全理解[121]。此外，由于年龄、肥胖、脑卒中和其他神经血管并发症，一些研究对象可能不符合关于血流动力学反应和血管反应性的一些固有假设[122]。血流动力学上限效应和基线血流量都影响刺激诱发的 fMRI 反应的大小，并且在使用 fMRI 评估诱发反应的幅度和分析连接性时应该被考虑到。如果持续的疼痛与伤害性神经元的高水平的活动和高水平的强直血流有关，这些脑区包含这些神经元，则与诱发的疼痛相关的额外神经元活动在 fMRI 上可能是不能被检测的。这些因素最重要的是控制任务（通常包括在药理学成像研究中，但在其他类型的成像研究中很少出现），以便评估这种影响。

第三节　神经影像学标准

在本节中，研究者提出了评估 fMRI 疼痛的标准，这些标准也适用于任何其他疼痛的生物标志。一个给定的大脑测量可能满足不同程度的严格标准，不同的证据水平可能在不同的临床和法律背景下是合适的。这些标准中的许多符合美国疾病预防控制中心公共卫生基因组学办公室（分析有效性、临床有效性、临床实用性及相关的伦理、法律和社会含义）模型项目。其目的是制订可用于疾病基因测试的证据标准、建立类似基准和标准的神经影像学研究，以评估慢性疼痛，并确定测试结果的有效性。

研究者注意到，他们提出的标准还没有充分实现。这一共识声明的目标是为慢性疼痛的神经影像学发展提供一个有效框架。因此，研究者鼓励个体和集体共同努力，包括协作多站点项目和数据共享、倡议、制订措施等。目前在满足这些标准的前提下已经完成了部分临床条件（特别是阿尔茨海默病神经影像学倡议）。然而，慢性疼痛的脑标志的应用不仅要考虑科学证据，还要考虑社会的影响，包括财务、社会其他成本、假阳性和假阴性错误造成的影响。

任何要被用作疼痛的神经标志的脑测量都必须被精确定义，并且必须建立程序来确定这些数据是否适合于有效的测试，从个体的成像数据计算测量值，并确定适当的阈限。定义必须超越对大脑区域中的活动的简单描述，精确定义所涉及的脑区域或区域内的感兴趣体素、体素的相对活动、个体应该包括的体素（如果所使用的体素根据性别、年龄或其他因素区分）、体素的相对预期的活动幅度。目前的标准脑数据处理程序通常不能被精确地定义，因而不能产生可用的神经标志物。

用于测试个体中的神经标志物的方法程序必须被明确地定义和验证。这些程序包括指导患者的方法、评估和最小化混杂因素（如头部运动和生理伪影）、数据采集、数据处理和分析、神经标志的应用（如何计算神经标志响应值），需从神经影像学核心获得数据并对结果进行解释。

疼痛神经标志的测试需要复杂的数据采集和分析步骤，它受到个体差异、生理噪声和技术问题的影响。必须在测试时确定明确的程序，以确定数据的质量和其分析结果是否足以检测特定个体中的信号。证明神经标志的内部一致性，获得一个有效的、可重复的、可靠措施的能力是至关重要的。另外还必须建立阳性对照，以使被测试个体得以验证。这样的控制将独立于疼痛的脑活动模式，并且必须观察到相关证据作为支持，该测试才能被认为是有效的。类似地，我们必须建立阴性对照，这些控制将是大脑活动的模式，在测试被认为有效时，这些活动是不存在的。此外，控制必须到位，以检测假装的反应或欺骗，如对故意造成的痛苦的反应。

神经标志必须对疼痛作出诊断。必须建立用于检测和量化疼痛的神经标志的标准，包括对个体水平的疼痛的敏感性、特异性、阳性预测值和阴性预测值的量化。确定这些指标需要了解或假设一个验证样本中的真实疼痛水平（如一组具有慢性疼痛和一组没有慢性疼痛的个体的真实疼痛强度）。此外，计算该措施的正预测值和负预测值需要了解一般人群中感兴趣的慢性疼痛状况的患病率。以前在法庭上提交的一些神经影像数据不包括敏感性和特异性值，因为这些指标从未被评估过。这样的测试在法庭上已可作为证据，但研究者认为，在没有既定的预测值的情况下，它们不应被视为可接受的。

疼痛的神经标志物的临床诊断价值（如其阳性预测值和阴性预测值）对于不同的人群可能是不同的，并且在一个群体（如健康个体）中估计的预测值不能假定应用于另一个群体。例如，如果患者有背痛，除非标志可以在人群中推广，或有良好的证据支持其推广的假设，该标志才能被推广应用。实验也必须在应用实验中使用的条件下进行验证。这些条件包括神经成像设备（如特定扫描仪）、分析软件和程序、人的心理和生理条件等要素（如人们先前的睡眠、食物和药物的摄入）。除非有证据表明，标志在扫描仪和扫描过程中的变化是可推广的，否则用一个采集和分析程序验证的标志在其他过程中不一定有效。例如，假定 fMRI 测量信号与脑灌注和氧消耗的调节有关，神经血管疾病的存在可能改变 fMRI 神经标志值（独立于神经活动）。必须考虑和控制这样的变异源，以便能够正确地解释信号。

第四节　慢性疼痛的研究的变化

尽管人们普遍认识到发展更好的干预慢性疼痛措施的重要性，但相关研究进展甚微。为了解决这一未满足的公共卫生需要，美国国立卫生研究院（NIH）兼疼痛研究协调委员会召集制定联邦疼痛研究策略的议程，确定工作重点是从急性到慢性疼痛的转变。

研究者确定了几个重要的有待解决的概念问题，以期提高研究者对慢性疼痛的理解，具体如下：

第一，相关研究已经确定了哪些临床危险因素使个体易患慢性疼痛（如在手术过程中广泛的神经损伤）。动物研究的结果表明，在慢性疼痛状态中，神经可塑性和神经系统与免疫系统的相互作用具有关键作用。患者的脑成像研究显示，随着疼痛变为慢性，脑功能和解剖结构发生了变化。全面了解这些以发现如何促使急性疼痛到慢性疼痛的转变是科学上的重大进展。

第二，对于什么时候发生慢性疼痛状态的转变，人们普遍认为，这种转变发生在急性疼痛发作后的一段时间内，但也有可能是疼痛持续，即患者同时开始急性和慢性疼痛。

第三，许多不同的机制可以促进慢性疼痛的发展，但这些不同的机制可能会导致惊人相似的表型。重要的是，由于大多数人类研究仅评估表型，研究者通常对患者群体的潜在的分子机制知之甚少，并且很少有可用的工具来阐明这些机制。因此，非人类的动物实验室研究和人类临床研究的知识鸿沟不断加深。这种差距可以通过开发技术来定义人类的生理和分子机制、扩大动物研究中评估的表型疼痛行为的范围来解决。

第四，目前还不清楚慢性疼痛的治疗方案是否必须包括导致疼痛成为慢性的机制，或是否有单独的内源性机制可以逆转慢性疼痛的过程。

现在我们清楚的是，过渡到慢性疼痛会从根本上改变神经元表型和环路，这使得急性疼痛药物对慢性疼痛不太有效。新的治疗疼痛的措施是必要的，这将造福于慢性疼痛患者。这些治疗措施包括新的非阿片类镇痛药、更有效的非药物治疗方法和新型阿片类镇痛药，但应减少滥用。

为了实现更有效的疼痛治疗，研究者确定了两个优先事项。首先，应将重点放在药物和发现其他形式的治疗上。治疗方法应阻断急性疼痛并同时阻断其向慢性疼痛的发展。其次，应建立治疗或模仿内源性疼痛解决的机制，以减少甚至永久性地扭转慢性疼痛。在学术界应该鼓励这些领域的基础发现研究。

为了发现新的治疗方法，我们必须开发新的工具和技术来缩小临床研究进展与人类对慢性疼痛的理解的差距。这些新的工具和技术包括下一代基因测序和成像技术，以借此表征驱动患者疼痛相关可塑性的机制和危险因素。此外，研究人员应该利用人类干细胞来开发新的疼痛机制，因为这有可能更好地治疗慢性疼痛。干细胞可用于增强或替换慢性疼痛中出现的疼痛回路的身体器官。

研究人员还应该利用新技术来评估脑网络连接性变化，这可以为人类成像工作增加分子层面的洞察力。在这一领域的进展可能会发现新的治疗策略，或将避免脑异常发展为慢性疼痛。

第五，动物模型的研究结果表明，某些急性疼痛治疗可以促进急性疼痛向慢性疼痛的转变。因此，我们应就这种悖论进行前瞻性的研究。可想而知，减轻急性疼痛的一些策略可能会导致或加剧慢性疼痛，正如动物模型中阿片类药物所表现出来的。

不幸的是，很少有人注意到群体差异。针对传统上被忽视或被排除在研究人群中的慢性疼痛的研究可能会对慢性疼痛的患病率产生很大影响。尽管目前有一些进展，但早期生活经验如何影响慢性疼痛仍然是未知的。疼痛机制在出生时、儿童期或青少年时期与人生中之后的时期是不同的吗？最近的研究表明，在一些关键时期个体相对不容易受到慢性疼痛困扰如带状疱疹后神经痛，通常是发生在老年人的带状疱疹发作之后，而很少发生在儿童身上。针对年龄依赖性差异的机制的研究对于发现新的疼痛解决机制和治疗策略具有巨大的潜力。

妇女的慢性疼痛机制几乎完全被忽视了。慢性疼痛在女性中比男性更普遍，并且临床研究越来越多地显示出促进两性慢性疼痛的分子机制的差异。事实上，期望疗法在男女性别同样有效可能是一个错误。我们同样清楚的是，激素和神经内分泌水平的变化在整个生命周期中以性别依赖的方式发生，并且这可能是从急性疼痛转变为慢性疼痛的重要因素。我们对这些机制知之甚少，目前它们并未被广泛研究。在这方面的研究工作有望促进发展个性化疼痛治疗。

横断面研究通过靶向临床试验记录慢性疼痛的发病率，但要确定导致慢性疼痛的原因，必须进行前瞻性纵向研究。一个目标应该是研究临床人群，包括识别保护性因素并结合已知的危险因素，如更严重的急性疼痛。这些前瞻性研究也应利用新技术和新的基础科学知识（如确定细胞群体的测序），以帮助探索在患者中前瞻性转变为慢性疼痛的机制。这样的研究可以识别在临床试验中检验的干预措施。

针对风险和内源性疼痛分辨因子的机械性临床试验是研究假定预防性干预的最翔实的方法，

如高强度的急性疼痛或中枢致敏作用或增强的递减抑制,药理学或非药理学的作用降低了患者发展慢性疼痛的风险.简单的测量疼痛是不够的,同时对慢性疼痛的生物标志的研究是必不可少的。

　　慢性疼痛的治疗方案不足,给患者、家庭、医疗保健系统和社会带来了巨大负担,并且有可能引起阿片类药物的滥用。找到有效的生物标志,可以帮助在大样本患者队列中调查急性-慢性疼痛过渡并建立疼痛临床试验网络的举措。这些努力有望推动这一领域的发展,并为近期和长期的突破创造新的机会,减少慢性疼痛的发病率、改善患者生活。

（全鹏）

第十二章　癌症疼痛的神经生物学基础

癌症疼痛显著影响肿瘤患者的生活质量。在过去的 10 年中，临床研究已经开始关注驱动和掩盖癌症疼痛的机制、抗肿瘤药物诱导周围神经病变的机制。对于提高癌症患者的生活质量和生存率，至关重要的是开发一种基于对癌症疼痛的理解的疗法来治疗癌症相关的疼痛，并将其纳入主流癌症研究和治疗中。

尽管癌症的发生率越来越高，但值得庆幸的是，对大多数类型的癌症的检测和治疗方法的改善使得患者生存率显著提高。对于许多患者来说，疼痛是癌症的第一个征兆，并且大多数个体在病程中经历中度至重度疼痛。鉴于癌症患者的寿命不断延长，我们需要开发新的疗法，以减少癌症相关的疼痛和感觉神经病变，使癌症患者能够过上高生命质量的生活。

癌症相关的疼痛可以在疾病发生的任何时间出现，但是癌症疼痛的频率和强度随着疾病的进展而逐渐增加。75%～90%的转移癌症患者或晚期癌症患者会经历显著的癌症疼痛。

癌症疼痛可由不同的过程引起，如直接肿瘤浸润、外科手术（如活组织检查和切除）、与治疗癌症相关的毒性副作用（化疗、放疗等）。对于癌症患者，接受完整的化疗方案是决定患者生存和生活质量的最重要因素之一。然而，最常用的抗肿瘤药物的神经毒性和伴随的疼痛是主要的副作用。化疗引起的周围神经病变（chemotherapy-induced peripheral neuropathy，CIPN）的发生率是可变的。30%～70%的患者接受化疗，这些症状和体征可能是急性的，尽管许多症状可随时间自发地消退，但对于部分患者，它们可持续数年甚至一生。众所周知，这些症状可导致癌症患者的生活质量显著下降。

直到最近，癌症疼痛研究在很大程度上是基于对癌症以外的痛苦的研究经验。本章将讨论癌症疼痛和 CIPN 的临床研究所提供的最近的见解。这些研究已经开始了对癌症疼痛机制的探索，包括产生和维持癌症诱发的疼痛和与癌症治疗相关的感觉神经病的因素。目前，癌症相关的疼痛和神经病变被视为与癌症本身不同的实体。研究者建议，癌症治疗疼痛和感觉神经病的治疗需要成为癌症治疗的一个组成部分，研究的目的是显著减少癌症造成的痛苦。

第一节　癌症引起的疼痛和周围神经病变

初级传入感觉神经元是感觉信息从周围组织传递到脊髓和大脑的入口。这些感觉神经元支配除大脑以外的身体的每一个器官。支配头部和身体的感觉纤维的细胞体位于三叉神经和背根神经节（dorsal root ganglia，DRG），根据直径可分为两大类。

大多数小直径的感觉神经元是无髓鞘的 C 纤维，被称为伤害感受器。伤害感受器具有检测各种刺激的能力，包括物理刺激、化学刺激。要做到这一点，伤害感受器需表达一个非常多样化的受体和转导分子，使机体可以感受到有害的刺激（包括热、机械和化学刺激），尽管机体对各种刺激具有不同程度的敏感性。这些感觉神经元参与产生许多癌症和抗肿瘤治疗伴随的慢性疼痛。在肿瘤或肿瘤相关细胞引起的组织损伤之后，许多伤害感受器会改变它们的应答特性和神经递质、受体和生长因子的表达。这些变化的部分原因是外周敏感化（peripheral sensitization），这导致轻度有害的感觉刺激被认为是高度有害的刺激（痛觉过敏，hyperalgesia），通常情况下无害的感觉刺激被认为是有害刺激（痛觉异常，allodynia）。由肿瘤细胞或肿瘤相关细胞诱导的 C 纤维伤害感受器的致敏导致疼痛通路的兴奋性长期变化，这可能导致继发性痛觉过敏（如在直接伤害区域之外的神经元对机械刺激外的部位的响应增加）。化疗药物引起的伤害性感觉神经元的损伤或功能改变可能导致接受化疗患者的肌痛、温度和机械性异常疼痛。

相比之下，支配皮肤、关节和肌肉的大直径有髓鞘的纤维通常传递无害刺激的信息，包括精细触摸、振动及本体感受信息。正常的大感觉神经元不感觉有害刺激。然而，直径较大的有髓感觉纤维容易受到化学药物的损伤，如长春碱、紫杉烷和铂基化合物。这些大感觉纤维的损伤会导致接受这种治疗的患者的感觉异常，如味觉减退和本体感受能力下降，这些影响可以持续几天甚至终身。

研究者专注于感觉神经元参与和维护 CIPN 及肿瘤引起的疼痛的过程。然而，应强调的是，在癌细胞对感觉神经元造成损伤之后，涉及体感信息处理的脊髓和中枢神经系统的大脑区域也经历了各种神经化学和细胞变化，人们称为中枢敏化，这有助于传递有害和无害的感官信息。因此，在癌症或 CIPN 的发展过程中，周围和中枢神经系统可能有缓慢而渐进的神经化学和细胞重塑、改变躯体感觉信息从受损的周围感觉纤维传递到大脑皮质的通路，导致有害和无害的感官信息的改变和无用的感知。

第二节　疼痛与癌症诊断

改善癌症患者生命质量的方法主要是早期发现和积极治疗。如人们使用触诊、血清标志和成像技术对早期乳腺癌、前列腺癌和结肠癌进行广泛筛查，这极大地提高了早期发现这些癌症的能力，促进了这些癌症的有效治疗。这些措施使得这些癌症患者的 5 年生存率和长期无病生存率显著提高。

相比之下，未开发或实施有效早期筛查技术的肺癌、胰腺癌和卵巢癌有相对较差的 5 年生存率和长期无病生存率。在这些癌症患者中，疼痛常是导致患者寻求医疗关注并导致随后疾病诊断的主要症状之一。不幸的是，在肿瘤引起疼痛的时候，癌症通常已经发展到晚期、转移到了其他器官，此时的治疗已经不太有效或不再可用。这种致命癌症的典型就是胰腺癌，目前胰腺癌患者平均生存时间为 6～9 个月，5 年生存率<5%。在胰腺癌患者中，最初的症状，包括体重减轻、疲劳、厌食、非特异性胃肠道症状和抑郁情绪，通常不明显。这些细微的临床症状常被忽视，直到出现黄疸、上腹部疼痛或背部疼痛才促使患者寻求医疗服务。

一个关于胰腺癌疼痛的悖论是肿瘤诱发病理的发展和胰腺癌疼痛的感知差异。正常胰腺接受广泛的感觉神经和交感神经支配。急性胰腺炎患者通常是非常痛苦的。健康的胰腺接受重要的伤害感受神经支配，它可以潜在地检测早期胰腺癌中发生的细胞变化。在人类胰腺癌中具体包括肿瘤生长、新生血管和巨噬细胞浸润。为了研究胰腺癌的病理和疼痛的不一致的原因，研究者已经对小鼠展开了相关研究。在这些小鼠中，研究人员观察到胰腺癌的进展标志，包括肿瘤生长、新生血管、神经生长因子（nerve growth factor，NGF）在胰腺和内脏的出现、巨噬细胞的浸润与感觉和交感神经纤维密度的增加、吗啡可逆性疼痛相关行为（如吞咽和发声）。因此，虽然晚期胰腺癌小鼠表现出自发的可逆的吗啡与内脏疼痛相关行为，但这些行为在早期胰腺癌小鼠中未见。

先前的研究已经表明，依赖阿片递减的伤害性输入调节可以有效地参与缓慢发展的疾病或组织损伤。为了测试这种系统是否可能参与早期胰腺癌疼痛的掩蔽，研究者对早、中期胰腺癌小鼠中枢神经系统皮下给予阿片受体拮抗剂纳洛酮或纳曲酮。有趣的是，在注射这些阿片受体拮抗剂后，早期和中期胰腺癌的小鼠表现出显著的疼痛相关行为（健康对照组无此现象），这表明内源性阿片类物质对早期和中期胰腺癌疼痛有强抑制作用。负责这种抑制胰腺癌疼痛的内源性阿片受体似乎驻留在中枢神经系统中，因为皮下给予非中枢神经系统渗透剂阿片受体拮抗剂纳洛酮碘化物并没有引起内脏疼痛相关行为的增加。

虽然上述数据表明，中枢神经系统依赖性机制调节早期和中期胰腺癌疼痛，但关于内源性阿片类药物发挥作用的机制还存在几个尚未回答的问题，具体包括内源性阿片类物质的来源，其介导中枢神经系统抑制胰腺癌疼痛的阿片受体的特定亚型和位置，以及胰腺癌疼痛的抑制是否部分来自递减抑制作用。

先前的研究表明，多种内源性中枢类阿片物质（包括内啡肽、强啡肽、甲硫氨酸和亮脑啡肽）参与调节内脏疼痛。许多这样的肽已经被证明存在于各个脑区，如中脑水管周围灰质（PAG）、头端腹侧髓质（RVM）和脊髓，并在脑深部受到刺激或伤害后释放、参与介导内源性阿片镇痛。有趣的是，研究表明甲硫氨酸脑啡肽在胰腺肿瘤细胞中也有表达，而且患有胰腺癌的人血浆中甲硫氨酸脑啡肽的水平显著高于健康人。虽然尚不清楚从胰腺中释放的脑啡肽是否可以跨越血脑屏障并对中枢神经系统阿片受体产生药理作用，但这些观察结果提示中枢神经系统或病变胰腺释放的内源性阿片类药物可能会产生脑啡肽，它具有抑制胰腺癌疼痛的作用。

在胰腺癌的病例中，该疾病缓慢而渐进的性质引发持续的有害刺激，逐渐诱导激活中枢神经系统中的调节环路。这些神经回路被认为可以抑制伤害性信息从胰腺传输到大脑皮质，直到疾病晚期，肿瘤诱导的伤害感受器的激活打破这种调制，导致癌症诱发疼痛的感知。此外，源自 RVM 的下行路径涉及的疾病行为，可能与增强的抑制作用降低了胰腺癌疼痛的易化性发展有关。

尽管人们已经将注意力集中在大脑皮质和皮质下区域抑制疼痛传播的能力上，但是相当多的证据表明，许多相同的部位也能促进疼痛的传播。因此，尽管脊髓横断阻断行为和自主神经对内脏刺激的反应，但对皮肤刺激的反应通常持续或增强。如结肠、直肠扩张会引起升压反应、心动过速和驼背行为，并且高颈髓水平的冷阻断很大程度上消除所有这些反应。根据这些证据，在早期或中期胰腺癌中可给予纳洛酮，其可通过降低递减抑制或促进内脏的传递来增加疼痛。类似的递减抑制是否掩盖了其他癌症中胰腺癌的检测仍旧未知，如肺癌和卵巢癌，这也是后期检测需注意的。综上所述，这些研究增强了中枢神经系统在调节疼痛的传递和感知方面所起的作用，并显示了许多变量，包括遗传背景、疾病长度和心理社会背景，可以影响感知和癌症疼痛。

第三节　抗肿瘤治疗与神经病变

接受完整的化疗方案是决定癌症患者生存的最重要因素之一。神经毒性是许多常用抗肿瘤药物的严重副作用，包括紫杉烷（如紫杉醇和多西紫杉醇）、长春花生物碱（如长春新碱和长春碱）和铂类化合物（如顺铂和奥沙利铂）。以前许多化疗药物的剂量限制性毒性效应是超敏反应和中性粒细胞减少，但前者可以用抗组胺药或类固醇治疗，后者可以用粒细胞集落刺激因子来治疗。而周围神经病变是器质性的毒性效应，限制了许多常用的抗肿瘤药物的应用。这一点很重要，因为目前肿瘤学的趋势趋向于更积极的化疗，从最近的研究可明显看出，在许多化疗方案中，增加剂量与明显提高患者存活率有关。

CIPN 的发病率受到许多因素的影响，包括剂量强度、累积剂量、治疗持续时间、联合应用其他神经毒性化疗药物、患者的年龄、糖尿病史、先前对周围神经的损伤、酒精滥用等。CIPN

的特点是感觉异常、感觉障碍、笨拙和丧失辨别力。本体感觉的改变和对振动的敏感性被认为是有大的有髓纤维的参与的缘故，而远端肢体的疼痛被认为主要是由小的、有髓鞘的或无髓鞘的纤维的功能障碍引起的。

CIPN 有几个问题尚未解决，具体包括：

首先，人们尚不清楚为什么用于快速分裂的肿瘤细胞的化疗药物会优先损伤成人感觉神经元。对长春花生物碱和紫杉烷类的易损性的一种可能的解释是，这些化疗药物影响微管的稳定性。在这些微管上，感觉神经元依赖于生长因子的轴突运输和必不可少的对正常神经功能的分子。然而，这并不能解释为什么铂类化疗药物如奥沙利铂或顺铂，在细胞核内诱导 DNA 加合物，也会对感觉神经元造成损伤并诱导 CIPN。第二个问题是为什么化疗药物优先诱导感觉神经元，而不是运动神经元。运动神经元的轴突与感觉神经元的轴突一样长，它们的轴突均包含广泛的微管装置、都存在于血脑屏障之外，然而 CIPN 是一种主要的感觉神经疾病，不是运动神经疾病。

目前，研究者对驱动 CIPN 的细胞和分子机制知之甚少。人们知道的是，当给予人或动物抗肿瘤药物包括紫杉烷、长春碱和铂基化合物时，这些化疗药物优先积聚在背根神经节中，并且在较小程度上积聚在周围神经中。在一段时间内，人和动物经常发生周围神经病变。在人类和实验动物中可靠地生产 CIPN、研究出的最好的化疗剂可能是紫杉醇，它是目前治疗乳腺癌、卵巢癌和肺癌的标准疗法。根据紫杉醇的微管结合特性，研究人员认为紫杉醇通过与周围神经长轴突中的微管相互作用，破坏轴突运输，从而引起神经毒性作用。

最近使用细胞损伤标志物、巨噬细胞浸润和施万细胞功能的研究表明，静脉注射紫杉醇后，感觉神经元和支持细胞的细胞体表现出显著的变化。在静脉注射治疗剂量的紫杉醇 10 天后，行为变化表明感觉神经病变变得明显，包括后肢冷和机械性痛觉异常及行走协调性缺陷。这些行为措施伴随着细胞损伤标志激活转录因子 3（ATF3）在 DRG 和外周神经中神经元、非神经细胞亚群中的表达增加，而在脊髓中没有 ATF3 表达。ATF3 是环腺苷一磷酸应答元件结合蛋白（ATF CREB）家族的转录因子家族成员，它在健康感觉神经元或周围炎症后的感觉神经元中没有以可检测到的水平表达，但在神经病理性疼痛模型中、外周神经损伤后的感觉神经元中强烈表达。

在接受治疗剂量紫杉醇的大鼠中，也有研究报道 DRG 卫星细胞中胶质纤维酸性蛋白（GFAP）表达的增加、DRG 和外周神经中活化巨噬细胞数量的增加。此外，对神经轴不同水平的感觉神经节的检查显示，紫杉醇诱导的细胞病理学以与紫杉烷治疗患者所观察到的症状模式类似的长度依赖的方式发生。最后，在紫杉醇处理的大鼠脊髓的背角内，标志的小胶质细胞和星形胶质细胞活化的标志物的增加在腹侧脊髓中没有被观察到。总之，这些数据表明，神经元和非神经元细胞参与了紫杉醇诱导的 CIPN 的病理学，其病理特征是选择性的外周神经系统损伤、DRG 和周围神经的炎症。

以前的研究已经注意到，化疗药物（如紫杉烷类和铂类化合物）会渗入血脑屏障，使血浆（脑脊液）与紫杉醇的比例大于 500∶1。紫杉醇容易穿透并结合 DRG 和周围神经，使紫杉醇血浆 DRG 和血浆外周神经比值分别约为 1∶200 和 1∶20。DRG 和周围神经的特点，促进抗肿瘤药物的积聚，并影响他们的功能，可能导致对感觉神经元不可逆的伤害。这种积聚可能是由于外周神经尤其是 DRG 中的血-脑屏障的相对不足所致。

定义诱导 CIPN 的机制和开发预防 CIPN 的方法都是必要的、可能的。在许多情况下，CIPN 限制了肿瘤学家追求积极化疗方案的能力，从而降低了肿瘤的反应性、预后和存活率。如在转移性结直肠癌患者中，奥沙利铂治疗具有明确的剂量相关的优势，然而在许多情况下，最佳的奥沙利铂剂量受限于严重的 CIPN，这导致化疗的减少或停止，并降低患者的存活率。

其次，即使在 CIPN 不影响生存的患者中，CIPN 也可能是终身的负担。神经病变不仅会导致功能损害，而且它持续提醒患者，他们已经患有可能危及生命的癌症。这对于患有乳腺癌的女性来说尤为重要，她们常是年轻的，是用紫杉烷类治疗的最大的幸存者组，但之后漫长的余生中她们可能不得不生活在神经病变中。

最后，CIPN 在神经病理学中提供了一个独特的机会，因为治疗可以在感觉神经元受伤之前开始（如在化疗方案开始之前）。以前的研究在脑卒中和脊髓损伤的临床模型中显示了损伤前和损伤后神经保护策略的优势。然而，临床现实是对脑卒中和脊髓损伤的保护疗法通常在神经元损伤发生后才开始。与此相反，化疗剂引起的神经元损伤的精确时间和程度是已知的。这使得在临床上进行 CIPN 试验是可行的。因此，如果 CIPN 可以完全阻断或减少脊髓损伤前治疗的不良后果，研究者将有机会开发一个更积极的化疗方案，以增加患者的生活质量。

第四节　肿瘤诱发癌痛

即使某种肿瘤不是对患者最有害的原发肿瘤，但如果肿瘤细胞已经转移到其他器官，那么它在治疗上很困难。原发肿瘤通常可以通过手术或辐射治疗，但肿瘤转移到其他器官会加剧肿瘤引起的疼痛，这是最难治疗的。

肿瘤性骨痛是晚期癌症患者最常见的疼痛，也是最常见的症状，可表明肿瘤细胞已经转移至原发肿瘤以外的部位。尽管骨不是重要的器官，但大多数常见肿瘤可能发生骨、骨髓和骨膜的转移，所有这些肿瘤都受到感觉和交感神经纤维的相当大的支配。肿瘤转移至骨骼是影响癌症发生率和死亡率的主要因素，因为肿瘤在骨骼中的生长导致疼痛、骨重建、骨折、贫血，增加对感染的易感性、导致心血管功能障碍，而所有这些都会危及患者的生活质量。

一旦肿瘤细胞转移至骨骼，肿瘤引起的骨痛通常被描述为钝痛、恒定、强度随时间逐渐增加。随着骨重建的进展，严重的自发性疼痛经常发生，并且由于这种疼痛的发病急、不可预知，因此可能特别削弱患者的功能和生活质量。突破性疼痛是间歇性发作的极度疼痛，可以自发地发生，或更常见的是由肿瘤骨的运动引起的。

目前，骨转移疼痛的治疗包括使用各种互补的方法，如放疗、化疗和双膦酸盐和镇痛药的治疗。然而，骨癌疼痛是最难完全控制的所有持续性疼痛之一。因为肿瘤转移通常不限于单个部位，并且最常用于治疗骨癌疼痛的镇痛剂、非甾体抗炎药（NSAIDs）和阿片类药物受到显著副作用的限制。例如，非选择性非甾体抗炎药可引起肠道出血；尽管一些选择性环氧合酶 2（COX2）抑制剂导致出血较少，但它们具有心血管安全问题；阿片类药物对减轻骨癌疼痛有效，但经常伴有便秘、镇静、恶心、呕吐和呼吸抑制等副作用。原发性骨肿瘤如肉瘤或乳腺或前列腺肿瘤主要转移至骨而不转移至其他重要器官，如肺、肝或脑，因此患者常能存活很长一段时间（如前列腺癌患者存活时间平均为 55 个月）。尽管癌症患者的生存期持续延长，但为了维持患者的生活质量和功能状态，我们必须开发出新的疗法，这些疗法可以被长期应用于控制骨痛而不会产生通常遇到的副作用。

第五节　骨癌疼痛的神经病理性成分

为了在肿瘤细胞侵袭骨骼时检查肿瘤细胞与感觉神经纤维的界面，骨肉瘤细胞被注射并限制在小鼠股骨的髓腔内。在这个模型中，人们注意到肿瘤细胞生长在骨内，接触、损伤和破坏感觉纤维的远侧过程，这些感觉纤维支配骨髓和骨矿化。因此，尽管在肿瘤前缘和深部间质区域可观察到感觉纤维，但它们具有不连续和碎裂的外观，这表明在溶骨性肿瘤细胞初始激活后，感觉纤维的远端突起被肿瘤细胞侵袭而损伤。

肿瘤对正常支配带瘤股骨的感觉神经纤维的损伤导致这些感觉神经元的细胞核中 ATF3 的表达。侵袭性肉瘤细胞所致的损伤还伴有持续和运动诱发的疼痛行为增加、支配带瘤股骨的感觉神经元上调甘丙氨酸、上调 GFAP 和周围感觉神经元的星形细胞肥大、与股骨肿瘤同侧的 DRG 和同一神经节内的巨噬细胞浸润。类似的神经化学改变已被描述为周围神经损伤和其他非癌性神经病理性疼痛状态。在这种骨癌疼痛模型中，肿瘤诱导的骨破坏发生在感觉神经元或脊髓，用加巴喷丁治疗骨癌疼痛不影响肿瘤的生长，但它同时抑制了持续和运动诱发的骨癌相关疼痛行为。这些结果表明，即使肿瘤局限于骨骼内，骨癌疼痛的组成部分也是神经病变的，因为肿瘤细胞明显地诱导损伤或重塑了通常支配着带瘤骨的初级传入神经纤维。

癌症检测和治疗的进步极大地提高了大多数癌症患者的生存率。随着生存率的提高，人们越来越需要关注癌症相关的疼痛，包括从最初的诊断到治疗对患者的影响。对于许多患者来说，疼痛在这一进展的每一步都有举足轻重的作用。疼痛是一种症状，经常是对患者需寻求医疗护理的主要提示，这可帮助癌症的诊断。了解中枢神经系统可能掩盖早期癌痛的机制将提高研究者早期阶段（发生显著转移之前）检测疾病的能力，有利于提高癌症患者的生存率。抗肿瘤治疗常导致疼痛和 CIPN，并且这两者经常对有效治疗方案造成限制。

疼痛和感觉神经病变可对癌症患者和疾病幸存者的生活质量产生相当大的影响。现在，动物模型已经可以将疼痛研究和癌症研究结合起来。通过与治疗癌症患者的临床医生密切合作，协同研究很有可能作出新的发现。通过将临床疼痛研究集中并纳入主流癌症研究和治疗中，研究者不仅能治疗肿瘤，而且有望提高癌症患者的整体健康和生命质量。

（全鹏）

第十三章　幽默的神经电生理研究

　　幽默是人类认知、交流和互动的普遍存在的组成部分。它对个体的心理和身体健康有许多潜在的有益影响，并可对社会和群体过程产生积极的影响。幽默的神经基础似乎与许多不同的情景有关，并且有可能广泛地影响个体的生命质量（主观幸福感）。神经科学的最新进展使研究人员能够探索儿童和成人的这种人类属性。幽默似乎参与皮质和皮质下结构的核心网络（如颞枕区），这些网络的功能包括检测并解决不一致性（预期和呈现刺激的不匹配），涉及多巴胺能系统和杏仁核、其关键结构是奖励和突显处理。研究幽默相关的人格效应和性别差异有助于理解典型的人类行为和神经精神障碍的神经机制，这对体验社会奖励的能力有显著的影响。

　　笑声发生在世界各地的文化中，是人类经验的一个普遍组成部分。在人类婴儿期，笑是生命最早出现的社交方式之一。笑声的早期出现（大约 4 月龄）响应其他人的行动表明它具有先天的成分。与一般认为的反射性生理反应的笑声相反，幽默被认为是一种相当复杂的高阶情绪过程。具体来说，幽默是一个宽泛的术语，指人们说或做的任何被认为是有趣的事、常使别人发笑的事、创造和感知这种有趣刺激的心理过程、在享受它时的情感反应。尽管幽默有多种用法和定义，但几乎所有人在体验幽默时都能很容易地认出幽默。

　　有许多理论可以解释幽默在社会中的普遍作用。其中，三个理论与幽默在近端（心理学和生理学）或终极（自然选择）意义上的功能作用有关。根据优势理论，侵略被视为幽默的一个重要组成部分，根据这一理论，幽默的中心功能是通过允许人们以一种更积极的方式表达不愉快的感受来维持社会秩序和加强社会束缚；另外，有相关理论提出了张力缓解的概念，认为幽默作为生理释放张力的机制而出现，因此，人们体验幽默和大笑，因为它可以帮助消除压力；幽默在社会中的另一潜在作用是通过与性选择理论相结合而被提出的，在该理论下，幽默作为标志出现，可提供有关潜在配偶质量的信息，尤其是对于女性判断男性配偶来说。除了幽默的功能作用这三个理论之外，另有一个突出的认知幽默理论试图解释人们是如何理解幽默的。不一致性检测和消解理论认为幽默需要两个要素：不一致性的引入，同时存在两个习惯性不相容的元素，这会产生意想不到的违反预期、约定、事实或意图和认知觉醒的结果及与娱乐相关的不协调解决方案。这些幽默框架共同指向幽默在人的体验中作用和功能的广度和深度。

　　我们应该对幽默的神经生物学基础进行严谨的科学研究，以揭示幽默对人类经验的重要性。研究者需要了解个体变异如何影响沟通和适应（无论是在健康还是在疾病中），因为幽默可能会受到这方面的影响。脑疾病，如自闭症、抑郁症和精神分裂症也可以通过基于脑的幽默研究来增强。本章的目的是揭示人类的幽默的神经生物学基础，并勾勒出未来的研究方向。研究者提供了相关的心理和社会操作，然后详细讨论基于脑的 fMRI 研究，以检查幽默和其潜在的临床相关性。

第一节　幽默的演变与效益

　　幽默可以产生积极的情绪，同时被认为是重要的社会情感。现有的研究结果强调了它在建立和维持人际关系、情绪健康和认知功能中的关键作用。幽默能帮助研究者在创伤和压力下交流思想、吸引伴侣、改善情绪和应对。这些有益的表现是在生理水平上补充的，幽默是一种天然的应激拮抗剂，可以潜在地增强心血管、免疫和内分泌系统的功能。幽默对生理学的这种积极影响，包括更快的心血管恢复、应激后皮质醇水平的降低和细胞活性的提高。此外，幽默作为一种典型的积极的人类认知状态，可以通过建立弹性来提高生活满意度。弹性被定义为大多数人暴露在压力和创伤时的应对能力，它有助于人们保持正常身心功能、避免严重精神疾病。虽然上述理论提供了一些证据支持幽默的治愈效果，但我们仍然需要更严格的研究设计，特别是设置控制组和明确幽默的心理学定义。

虽然研究者分享了一些与原始人有关的笑声和微笑的基本特性，但这些研究主要与社会安全和游戏信号的联系有关。幽默被定义为词语和物体的心理游戏，被概念化为享受不和谐，同时被认为是人类特有的特性。

考虑到这些因素，令人惊讶的是，现有很多研究关注消极情绪状态，而只有较少的研究关注阐明积极情绪状态（如幽默）在人类中的发展和功能。

第二节 幽默的功能神经解剖学

在过去的 15 年中，一些 fMRI 研究（主要研究对象是成年人）已经探索了人类欣赏幽默的神经基质。在这些研究中，所使用的刺激模式可以从根本上分解成两组：语言和视觉。语言刺激包括书面或听觉信息，并可进一步区分为语音与语义笑话、滑稽与无意义或花园路径（garden path）模型、有趣的（非）歧义句与噪声。反过来，视觉刺激主要根据它们的呈现方式不同，可以进一步区分为静态的（如卡通图像）或动态的（如视频短片）。因此，幽默感被发现激活了大量的皮质和皮质下脑区，并提供了许多认知和情感功能。处理幽默的脑区兴奋程度与主观滑稽程度呈正相关。这与 fMRI 研究结果一致，表明幽默欣赏过程中主观的滑稽程度或标志不会破坏大脑对幽默的反应，但这似乎也有持续的影响，特别是在与情绪相关的脑区。

研究发现幽默欣赏依赖的核心过程有认知和情绪两个可分离的成分。

认知成分与残差不一致性检测和分辨率可靠地联系在一起，在最近的语言幽默处理模型中也被称为幽默理解。这种认知成分从根本上以任务和刺激方式依赖于基本视觉、听觉和语言加工（如视觉和听觉皮质中的活动所维持）及语言和语义知识领域的激活，包括左额下回（IFG）、BA45、BA46、BA47 和颞极（TP，BA38）。在刺激加工需要心理理论的情况下，幽默理解也将涉及活动的皮质中线结构，包括内侧前额叶皮质（mPFC）、后扣带回皮质（PCC）、楔前叶（PREC）、后颞上回（STG）、颞上沟（STS）。最后，由于不一致性还可以涉及错误检测或监测，已有研究报道了在这种情况下的背部扣带回皮质（ACC）激活。在全面回顾已有文献之后，研究者认为所有这些机制都汇聚到不一致性检测和分辨的核心处理区域，这包括颞顶叶连接点（TPJ、BA22、BA39 和 BA40），并向腹侧延伸到颞枕部。叶状连接（TopJ、BA37、BA39 和 BA40）接收来自不同感觉传入的多模态输入，并且也已知其在自相关处理和心理理论中被激活。此外，它涉及检测行为相关的意外刺激和联系，可增加与注意力和决策相关的腹侧额顶叶区域的连通性。因此，TopJ 似乎联系着不一致性检测和分辨的功能。然而，应该注意到不一致性检测和分辨还没有与功能和解剖分离，因为它们发生于快速时间序列（实际上在同一时间），这使得当前的 fMRI 方法难以分离它们。使用 EEG 或脑磁图的研究可能更适合解决这个问题。

情感成分也被发现总是参与幽默欣赏过程。虽然这种情感成分涉及脑岛、腹部 ACC 和辅助运动区（SMA），但它主要与皮质多巴胺能脑区（即腹侧被盖区、黑质、伏隔核、腹侧纹状体和腹部 mPFC）的活性增加有关。已知在各种奖赏相关反应中，大脑皮质多巴胺能区的 BOLD

信号增加。这种激活也通常通过相关性分析和主观滑稽评价来报告。因此，这通常被理解为在幽默欣赏过程中表现出一种积极的欢笑或奖励的感觉，也被称为幽默的阐述。然而，与幽默相关的积极性的确切性质还没有被完全理解。增加的主观评分的幽默性也与 BOLD 信号变化相关的幽默加工过程中的认知领域（包括 TPJ、TP、mPFC、ACC、PCC 和 PREC）相关。因此，更高的滑稽分数可能与幽默特性相关，而非与多巴胺能信号传递有关。在中性刺激控制条件下，没有类似的积极状态，就没有幽默感。目前只有两项调查使用了这种积极的状态控制。虽然这些研究是在儿童身上进行的，但是他们表现出对幽默的欣赏不同于对奖励的更广义的反应，这种差异可能与检测和解决幽默的不相容因素的满意度有关。需要对幽默研究的最佳控制条件进行更广泛的测试。

幽默也与杏仁核的激活有着密切的联系。虽然人类杏仁核通常被认为参与奖赏相关机制，但对它的功能更全面的理解应该是类似于相关性检测器。杏仁核是一个关键，它从不断传入的各种信息流中进行选择，有些输入的信息符合生物体在给定时刻最相关的目标或意图。生物学价值似乎与显著性、模糊性和不可预测性的加工密切相关。因此，幽默欣赏可能激活了杏仁核，因为它不仅包含了与基本不一致性检测和分辨相关的几个加工成分，而且包含了具有较高内在社会意义的交互信号。因此，杏仁核在幽默欣赏中的重要性突显了幽默对于人类的社会过程的重要性，并强调了该过程对各种调节作用的敏感性，如个性、性别和神经精神障碍的存在。

从成年人的数据来看，个性、性别和大脑障碍都表明幽默与积极的个体及群体结果有关。相反，在社交焦虑症患者中，幽默感与负性情绪状态（如抑郁症）相关。调查这种关联的一种方法是检查大脑活动，以响应幽默作为人格特质的功能，这是精神病理学的危险因素，如内倾、外向和神经质。迄今为止，已有两个成年人研究使用了这种方法。初步结果显示，情绪稳定等积极特质（与神经质的相反）和经验寻求（与外向有关）可能增强幽默处理，如在额前侧和颞皮质、海马和皮质回路中的活动增加所指示的。相反，杏仁核活动在幽默欣赏的活动已被发现与高内向有关。这些初步数据表明，在幽默欣赏过程中的认知和情绪过程可以被成年人的个性特征所调节并且与行为数据一致，这表明外向性与应对幽默的积极情感量有关。虽然比较早期的发展阶段的数据稀缺，但最近的研究为此提供了初步证据表明——在 6～13 岁的儿童中，幽默和其他气质特征（如情绪、羞怯和社交能力）相比发展缓慢。总体而言，这些研究结果表明，幽默欣赏可能容易受到儿童和成人个性差异影响。这种独特的人类积极的认知状态需要通过更大的跨地区生态和纵向研究。上述结果是由两个 fMRI 数据补充的，它们探讨了成人幽默处理中的性别差异。第一项研究结果表明，在两性的幽默欣赏中激活了 TopJ、TP 和 IFG。然而，在女性中 IFG 的活性更强，在皮质奖赏区域中显示了额外的 BOLD 信号改变。这些结果被解释为女性比男性有更大的执行处理和基于语言的解码能力、更大的回报网络响应、可能较少的回报期望。第二项研究结果支持了女性在幽默感知过程中更强烈的情绪反应。研究人员对 22 名儿童（6～13 岁）的幽默欣赏的性别差异进行了研究，发现这些儿童与成人的激活模式相似。与男孩相比，女孩在中脑和杏仁核中表现出更强的活性，而男孩则在腹部 mPFC 中表现出更强的激活。这支持在女孩中增加奖励响应和显著性的概念，而这可能是由于在任务期间较少的回报预期引起的。总的来说，与性选择理论有关的功能说明女性可能更容易接受奖励，并且从幽默中显示出较少的回报期望。

与幽默和精神病理学相关的行为、影像学和脑损伤发现也已得到发表。有研究报告孤独症患者缺乏幽默感。这些结果与个体理解幽默需要社会功能心理理论方面的困难有关。更普遍的是，在认知和情感信息的整合中，这种功能的突出的神经基础是 TPJ 和 IFG，其活性已被发现在自闭症患者中有所改变。

也有其他研究表明精神分裂症患者的幽默减退。受影响的个体表现出与受损的心理理论能力相关的幽默识别减少、mPFC 活性降低、对需要心理状态归因的笑话的反应缺少。因此，在自闭症和精神分裂症患者中，幽默欣赏缺失似乎主要与干扰心理理论和社会情绪整合机制有关，进而与认知幽默加工有关。根据这些研究结果、来自局部脑损伤的患者数据，我们可以将幽默处理缺陷与受损的（右）额叶功能联系起来。

最后，研究者注意到改变的幽默欣赏与猝倒相关。猝倒是指由强烈的情绪触发的突然的、短暂的肌肉张力的发作，通常伴随着称为发作性睡病的复杂的睡眠症。从猝倒患者的 fMRI 研究发现情绪驱动环路（腹侧纹状体和杏仁核）的过度驱动，这可能与皮质抑制区下丘脑活动的代偿抑制有关。

综上所述，这些关于个性、性别差异和与幽默欣赏相关的心理病理数据表明，心理、精神、甚至神经的变化都与幽默的认知和情感成分有关。此外，许多效果可以在成人和幼儿身上观察到。这些发现突出了在不同发育阶段通过神经影像学方法研究幽默欣赏的临床相关性。

第三节　幽默的神经科学研究展望

在功能性神经解剖学基础上，幽默欣赏涉及广泛的大脑区域，不同幽默诱导的刺激方式和任务诱发不同脑区的激活。然而，所有这些辅助机制似乎可以概括为幽默欣赏的两个核心过程：不一致性检测和分辨（认知成分）及欢笑或奖励（情感成分）的感觉。而认知成分似乎主要依赖于 TopJ 的活动，情绪成分则似乎涉及皮质-中脑多巴胺能通路和杏仁核。研究者的观点是，人类幽默欣赏（如感官加工、工作记忆、不一致性检测和分辨、奖励）的脑区或脑网络中没有一个单独服务于幽默欣赏的功能。相反，这几个脑区或脑网络在幽默欣赏中的结合在人类社会中日益突出。幽默的认知和情感成分的差异早已被人们了解到，且最近的神经影像学研究的证据有力地支持了这种分化。

未来的研究将侧重于幽默的神经科学。也许最重要的是，需要更多的数据来阐明幽默的发展在整个人类的生命周期和其调制的各种因素（如文化、个性、性别、年龄和智商）。纳入纵向研究设计的调查是特别可取的，然而，研究者提示我们，目前的 fMRI 扫描仪环境限制了研究幽默程度（特别是与自然环境研究相比）。其他功能成像方式（如功能性近红外光谱法）可以在这个角度上提供帮助。使用适当的控制条件和区分不一致性检测和分辨原始幽默和正式幽默，扩展现有数据与研究似乎也很重要。这样的研究将更多地揭示人类幽默欣赏的神经基础。此外，本章强调了与神经精神障碍（如孤独症、精神分裂症、焦虑、抑郁和猝倒症）有关的幽默的临床相关性。然而，更多的领域尚待探索——幽默和应对与弹性的积极关系或许可以帮助更广泛地探索未来。如前所述，有人提出，幽默对身体和心理健康产生许多有益的影响，这在一些医疗环境中有潜在的应用价值，或可应用于病童、老年人或临终关怀治疗的程序。此外，幽默（心理）疗法和咨询有助于促进健康的婚姻关系（包括婚姻和家庭环境）。最后，幽默的使用被认为对学习和测试及工作场所的教育都有益——在这些情境中，幽默可以增强社会功能、提高管理效率。这种幽默对身体和心理健康的有益影响的初步调查结果有待在严格的科学条件下进一步评估。

（全鹏）

第十四章 冷漠与快感缺失的神经生物学基础

冷漠和快感缺失（apathy and anhedonia）是常见的动机缺失综合征，也是常见的一种脑部疾病，没有既定的治疗方法。使用动物模型的研究表明，理解动机行为的一个有用的框架是基于努力的奖励决策。它决定的神经生物学机制现在已经开始在冷漠或快感缺失的个体中得到确定，为开发新的治疗提供了重要的基础。研究结果提示，冷漠和快感缺失这两种症候可能存在一些共同的机制。跨越传统疾病边界的诊断方法为理解这些症候提供了一种潜在的有用的手段。

动机丧失是一种常见的神经和精神障碍综合征。近年来，研究人员发现在脑卒中患者、创伤性脑损伤患者，包括阿尔茨海默病、帕金森病、血管性痴呆、额颞叶痴呆、亨廷顿病、精神疾病如重度抑郁症（major depressive disorder，MDD）、精神分裂症在内的常见的神经变性疾病患者中，部分患者会丧失动机。

已有文献描述了与减弱的动机相关的几个综合征。从历史上看，这些综合征的报告起源于19世纪不同的医学专家和心理专家。虽然不同的术语被用于不同的患者组，但它们有时表意不清、有时可以相互替换、有些在现在则被认为所表达的含义存在重叠。

在神经系统疾病中，冷漠综合征定义为身体、认知或情绪活动的减弱的动机。在精神病学中，尽管术语冷漠也被使用，但在非痴呆或阴性症状的情况下才更常被提及。传统上，快感缺失被定义为无法体验快乐。然而，这一定义后来在精神病诊断标准中得到拓宽，包括一个动机成分，即在先前奖励活动中丧失兴趣或快乐。最近的研究表明，快感缺失和冷漠可能有一些共同的机制。

行为学、计算模型、神经药理学、光遗传学、脑损伤、深部脑刺激和神经影像学在人类和动物模型中的研究结果，共同确定了在失调状态下的脑系统。广义地说，这些机制可以在基于努力的奖励决策框架内被概念化，也就是说，如何确定执行一个活动的潜在收益或奖励及如何评估所需付出的努力成本。

这种决策的机制提示，研究者有望基于此开发一个诊断方法，不管潜在的病理，突破传统的诊断界限。人们研究了这种专注于冷漠和快感缺失的方法是否真的有用，以及与神经和精神障碍相关的神经和行为标志。

第一节 冷漠的定义

尽管这存在争议，但大多数专家认为冷漠是一种综合征。冷漠的定义建立在先前的概念化上，并且已经在神经和精神状况中得到验证。这些标准与个体先前的状态相比，冷漠表现为失去或减少动机，与目标导向行为、认知活动或情绪的减少相关，且在日常生活中造成临床上显著的损害，而不是身体或运动障碍、意识减少。然而，这个定义可能无法全面捕捉到冷漠的各个方面。如最近的研究表明，社会冷漠作为综合征的另一个可能的组成部分或维度，降低了与他人交往的兴趣。

一些临床医生也使用了无动机（avolition）或意志缺失（abulia）的术语。有意识或意志力的人在开始行为时会遇到困难，但当口头提示时，他们会继续采取行动。冷漠可能是精神分裂症的显著阴性症状。一种极端的形式是无动性缄默症，其特征是很少或没有自发产生的运动或语言。

在几乎所有的日常活动中，快感缺失被定义为持续、显著减少兴趣或快乐。虽然它最初被定义为缺乏愉快的经历，但经过几十年的研究，精神病医生们已经认识到，这种症状也可能反映出丧失寻求快乐的兴趣（也就是动机）。这种区分对于最近的老年综合征的概念是很重要的，即快感缺乏包含冷漠。同样，这对于快感缺失的动物模型也很重要，其中快乐体验的情感测量是有挑战性的，但获得奖励的动机要容易得多。与冷漠相似，快感可能存在于不同维度，如可以表现为在社交活动、感官体验、嗜好或食物和饮料中失去兴趣或乐趣。冷漠和快感缺失的区别为我们提供了一种潜在的方法来检查在细胞水平的症候的相似性。

随着抑郁情绪的增加，快感缺失是 MDD 的主要症状之一。根据《精神障碍诊断与统计手册》第 5 版（DSM-5），如果患者有 5 个及以上的症状，患者必须符合 MDD 标准，其中之一必须是抑郁情绪或快感缺失。然而，快感缺失也可以发生在 MDD 之外。例如，它长期以来被认为是精神分裂症的阴性症状，并且越来越被认为是创伤后应激障碍、进食障碍和物质使用障碍的重要组成部分。

传统上使用由患者或家属填写的问卷，或由临床医生进行结构化面试来测量冷漠和快感缺失。冷漠和快感缺失综合征的紧密联系被在临床人群中进行的少数研究所强调。如在帕金森病中，一些研究者报告了冷漠和快感缺失量表的显著正相关。在精神分裂症中，冷漠和快感缺失通常聚集在一起作为阴性症状出现。冷漠程度与快感、嗜好、无症状得分及整体阴性症状评分相关。然而，一些报告还显示，至少在无法体验快乐方面的快感缺失可能与冷漠（如在帕金森病中）分离。

这些研究结果表明，区分冷漠和快感缺失是多么重要，而不应把它们看成单一的、整体的实体。据研究者所知，这样的方法，无论是行为试验研究或计算模型，迄今没有被用来比较在同一个体或患者组内的冷漠和快感缺失的机制。

冷漠和快感缺失也可能与两种常见症状有关，包括厌食症和疲劳。患有厌食症的人会抱怨自己懒散、精力枯竭或缺乏力量，而疲劳则是指体力活动或精神活动之后的疲劳。在缺乏能量或疲劳的情况下，研究发现缺乏动机的患者并不少见。当同时评价冷漠、快感缺失和疲劳时，所有这些症状都存在显著的正相关。此外，国际疾病分类第 10 版（ICD-10）的 MDD 标准除了快感缺失和抑郁情绪外，疲劳或低能也是主要的症状。

在无抑郁症的个体中也可能发生系统性疲劳，如全身性疾病或慢性疲劳综合征。一个重要的问题是，除了任何周围肌肉因素，冷漠和快感缺失是否有可能是这些症状的一个原因。同样，冷漠和快感缺失不仅在临床诊断的背景下发生，而且在较温和的形势下发生，如在一般人群中，尤其是随着年龄的增长而发生。这一认识促使一些研究者研究了其在健康个体、年老或处于抑郁症发展的高危人群中是否有神经生物学基础。在几个年轻人和老年人中进行的不同的研究中，额叶和基底节区域结构和功能脑活动的变化已经被观察到。

第二节　对冷漠的行为研究

鉴于动机障碍的重要性和临床意义，人们已经开发了几种试验范式来研究动物模型中的这种行为变化。从广义上讲，许多动物模型任务可以被认为是检验一个或多个决策、欲望、消耗或学习行为的阶段，虽然不同的学者在这些阶段的分类上有所不同。尽管缺乏完全一致性，但有一个共识是，可能存在几种机制或机制的组合使个体处于不和谐状态。这一概念对治疗具有重要意义。在这里，研究者使用基于努力的奖励决策机制的概念框架来研究冷漠和快感缺失。

基于努力的奖励决策的一个重要组成部分是产生行为选择的能力。无论是自我产生的还是线索的环境刺激产生。许多有焦虑症的患者可以在别人提示的情况下执行行为，但在主动启动行为时则较困难。

在动物身上测试行为选择的主动意识是具有挑战性的。在人类中，可以测试参与者为现实生活场景创造尽可能多的选择的能力（如这是一个阳光灿烂的日子，你能做什么？），但目前很少有研究在临床人群中测试行为选择。

然而，有研究表明精神分裂症患者的冷漠程度与其产生选择的能力成反比。另一项研究未能发现帕金森病患者的行为选择产生与冷漠的关系，但它揭示了健康人与冷漠分数的密切关系。选项生成任务与流畅性测试非常相似，这是执行控制的一个指标。在某些个体中，该指标可能表征由执行功能障碍驱动的不和谐症状。

即使产生行为选择的能力是完整的，个体也可能会在选择可能的选项时遇到困难，尤其是当现在做出的决定可能影响未来决策时。许多因素会影响选择，具体包括：对潜在结果的主观评价、获得奖励的风险或概率（这可能导致奖励的主观价值的概率折扣）、由于等待而贬值的报酬（称为时间折扣）、获得报酬所需的努力（导致奖励的努力折扣）。患有帕金森病且冷漠的人，而非无冷漠的帕金森病患者，更倾向于做出精神上的努力来获得奖励，特别是低水平的奖赏。在选择上迅速决定的能力也是报酬决策的一个重要方面，特别是在当报酬价值相近或数量众多的情况下。然而，这一点在无冷漠症状的人身上没有得到比较。在极端状态下，任何努力都可能被认为代价太高，以致人们不执行任何行动、不理会潜在的奖励。

一旦个体选择了一个选项，他们通常经历动机唤醒（通过生理措施测量，如心率或瞳孔扩张）来证明动作和奖赏。例如，在进行快速运动以获得奖励之前，人们通常会展示预期的瞳孔扩张，并且这与潜在的奖赏量成正比。这种瞳孔反应在一些患者的冷漠中变得迟钝。动作的启动、维持和激励共同构成了欲望行为的一部分，如动物对潜在的有益体验（如食物）的运动方式。食欲行为被称为衡量欲望（不同于喜欢），虽然一些学者出于谨慎考量反对参考动物研究使用主观术语。

用于研究行为的欲望成分的任务，通常是测量动物愿意分配多少体力以获得奖励。如在递进式任务中，一只老鼠的杠杆按压次数必须获得一组设定的报酬，直到动物达到其突破点，并且不再愿意付出更多的努力。同样，在变化迷宫任务中，啮齿类动物必须在努力奋斗通过障碍物获得高回报食物和低努力、低回报食物中做出选择。在人类中，可以利用按钮按压的数量、响应速度或施加的力来当作努力分配以获得奖励。通常，这样的任务使用选择行为来表示愿意付出的努力。

少部分研究已经探讨了分配认知努力的意愿。如啮齿类动物可能需要选择一种高度苛刻的注意力实验（检测短暂照明），以满足低需求者（检测长时间照明）获得更大的回报。在人类中，研究者也在探索精神努力（对注意力或工作记忆要求高的任务）与体力劳动（紧紧握住手持式测力机）。这些研究显示了在认知和体力劳动领域中基于努力的奖励决定的共同的和可分离的脑区的贡献。努力任务的一个重要方面是必须付出努力的选择，否则，任何观察到的决策变化都可能涉及概率折扣，而不是努力折扣。

一种常用于评估欲望的范式（最初是在啮齿类动物中发展的）是巴甫洛夫经典和操作性条件反射（PIT）。PIT包括三个阶段：①（被动）配对，最初的中性刺激（如音调或光）具有奖励的结果（食物）；②行动（按下一个杠杆）和奖励结果的（活跃的、基于选择的）关联；③PIT本身。在巴甫洛夫条件刺激（即音调或光）的表现中，通常是在反射消亡期间（在不传递奖励结果的情况下）。（无关的）条件刺激的呈现会引起工具反应的活跃（称为PIT效应），并且被解释为可反映激励显著性或需要。已有研究对人类开展了类似实验，一些证据表明，PIT效应可减弱个体的抑郁症。

消费行为是指目标的实现，如吃食物。有些人认为这是动机行为的有利阶段。动物模型中的相关行为是蔗糖偏好试验——啮齿类动物在水和稀蔗糖溶液中选择对后者的偏好。暴露于慢性轻度应激（抑郁模型）的动物对蔗糖的偏好降低，表示其享乐能力降低。行为消耗阶段的直接乐趣也被啮齿动物和灵长类动物的面部表情所折射，以对甜味物质和苦味物质做出响应。然而，对人类的一些研究表明，在有明显阴性症状的精神分裂症患者或严重抑郁症患者中，消耗阶段的享乐功能（通过对甜味的自我报告的快乐来衡量）可能是完整的。

最后，基于努力的奖励决策的一个重要方面是个体如何从他们行为的结果中学习以指导未来的选择。这个概念被称为强化学习，即与刺激或行为相关联的奖励或损失如何通过刺激值的更新来改变后续行为，这可以通过检查个体的选择随时间变化的反馈来评估。在早期的工作中，这通常是通过分析早期和晚期的效果来实现的，如爱荷华的赌博任务。研究揭示了患者组和健康志愿者的差异，发现随着时间的推移，患者组很难学习到最佳选择。然而，对这种差异的解释是具有挑战性的，因为该过程受到多个因素的影响（包括选项选择、享乐影响和学习）。近年来获得广泛应用的另一种数据分析的方法是使用计算模型。

第三节　计　算　模　型

利用丰富的观察数据（如在实验基础上发展的行为模式）来洞察哪些过程影响了个体差异是重要的。如开发一个部分奖励的感知任务来检查快感。这项任务可靠并且能重复，研究者称之为奖励反应性（这是衡量偏向于更频繁地与奖励相关的刺激的偏倚）。

计算模型可以应用在大数据集并帮助许多研究得到更清楚的解释。快感缺失的症状与增量学习或知觉辨别的差异无关，而与决策时的期望值降低有关。在另一种情况下，来自精神分裂症患者的强化学习任务的数据的计算模型再次显示了明显的增量学习。精神分裂症患者的表现不佳主要是由于他们的工作记忆受到了损害（这可能是重要的学习任务，由于刺激和结果的时间延迟）。因此，在这些研究中使用计算模型有助于剖析在奖励任务中涉及的不同认知过程。

计算模型还表明，帕金森病患者服用多巴胺能药物时冷漠得分的改善与更大的奖赏敏感性（即预期的回报价值）相关，而与努力敏感度的变化无关。相反，选择 5-羟色胺再摄取抑制剂的健康个体产生更多的努力，这是由于努力成本的降低，而不是报酬敏感性的增加。虽然到目前为止，很少有系统地使用在这一领域的建模，但这些例子表明了使用计算方法有助于研究具体的认知过程映射到不同症状的概况和治疗。

第四节　冷漠相关脑区

老年人脑卒中后或其他局部病变牵涉到一组大脑区域，这些区域似乎对人的动机行为至关重要。这些区域包括：基底节［尤其是腹侧，包括苍白球和腹侧纹状体（VSTR）］、前扣带回皮质（ACC）和腹部内侧前额叶皮质（vmPFC），通常称为内侧眶额皮质（OFC）。

精神病患者的早期实验性研究报告称，这些患者可以从移植于隔区的电极的自我刺激中获得快乐，其中包括伏隔核（NAc）部分和腹侧苍白球。然而，一个更详细的评估表明，刺激实际上可能导致患者只想从事更愉快的活动。最近的研究表明，ACC 刺激可以诱导患者对克服迫在眉睫的挑战的欲望。此外，ACC 有可能帮助改善某些药物抵抗的抑郁症患者的抑郁症状，尽管一个更大样本的实验没有发现这种刺激的显著效果。

许多动物研究的结果也集中在大脑区域网络的动机中，其中包括腹侧基底节结构（包括 NAc

和腹侧苍白球）、ACC、腹侧被盖区（VTA）和基底外侧杏仁核（BLA）。VTA 多巴胺（DA）神经递质的来源，广泛投射到 VSTR（腹侧纹状体）、ACC、PFC（中脑皮质 DA 系统）及杏仁核。

在啮齿类动物中，NAc 或 ACC 的病变、NAc 与 ACC 的脱离、BLA 与 ACC 连接的失活都能深刻地影响动机、减少分配奖励的意愿。在猴子中，可通过注射 GABA 受体拮抗剂进入 VSTR 和壳核减少自启动作的频率来收集奖赏。

相比之下，经典的颅内自我刺激研究和最近的光遗传学方法揭示了啮齿类动物如何进行选择以接受 VTA 的刺激，即前脑内侧束（包括中脑边缘 DA 通路）或部分外侧的刺激。大鼠光刺激与 fMRI 和电生理记录结合的开拓性研究发现，刺激内侧前额叶皮质（mPFC）减少奖励寻求行为。内侧前额叶皮质刺激也削弱了由 VTA DA 神经元的光遗传学刺激引起的纹状体激活和奖赏寻求。当它们同时刺激内侧前额叶皮质时，倾向接受 VTA 刺激的动物对刺激的反应降低或丧失。

最近的人类 fMRI 的荟萃分析表明，尽管 VMPC、VSTR 和中脑区域包括 VTA 优先信号奖励，ACC 和前脑岛是信号努力的关键节点。ACC 和辅助运动区（SMA）的激活发生在人们执行基于努力的决策任务时。一项研究表明，决策阶段的背侧前额叶激活水平与健康人的行为冷漠分数呈正相关。这一发现可能表明，那些更麻木不仁的人在作出成本价值决策时，会对潜在回报进行主观评估，面临着更大的大脑能量成本，即需要提供的体力劳动是否值得奖励。有趣的是，使用经颅磁刺激的 SMA 中的活动而不是在初级运动皮质中的活动也导致感知努力水平的降低。因此，该区域可能是努力分配评价中的关键节点。

第五节　奖赏与努力信号的整合

在健康人中的一些神经影像学研究试图探索当需要努力以获得奖励时的成本-效益决策的神经生物学基础。VSTR 或苍白球的激活与预期报酬的大小呈正相关，并且在一些报告中被预期的努力负向调制，这揭示了奖励和努力信号的交互作用。ACC 活动与体力活动程度呈正相关，与奖赏呈负相关。因此，一些研究者认为，ACC 在整合成本（努力）和收益（奖励）来计算执行行动的净价值方面起着关键的作用。

认知研究揭示了共同的和独特的脑激活模式。一项研究发现，这两种努力的奖赏贬值体现在一个共同的网络内，包括 ACC 和其他背侧前额叶区域、前脑岛和背部外侧前额叶皮质。重要的是，这些区域的激活也与努力和消极奖励共同变化，表明这些功能可能集成在这些区域内。相比之下，杏仁核内的活动似乎反映了与认知努力相关的奖赏价值的加工。

关于期权选择和期权生成，有趣的是，当人们不得不从奖励组合中选择时，ACC 或 SMA 的激活对应于所选择和未选择的选项的奖励或努力水平的差异。这一发现表明，这些背部内侧额叶区域可能与重要的选择后评估潜在的行为选项有关。那么，哪些脑区参与自我生成的行为选择呢？一些数据将其指向前 SMA 和可能的背部外侧前额叶皮质。

在冷漠和快感缺失中的大脑区域中，神经影像学研究在各种人类神经退行性疾病中显示，冷漠与背侧 ACC（DACC）、vmPFC 或 OFC、VSTR、VTA 及与这些区域相连的大脑区域的萎缩或功能性破坏密切相关。在抑郁症中，包括 VSTR、尾状核、vmPFC 或 OFC 和 DACC 在内的区域的激活减少（尽管在不同的研究中 DACC 报告了矛盾的结果）。

虽然研究者观察到的抑郁区域中的钝化反应的精确模式在研究中并不完全相同，但一些不一致归因于患者的临床异质性（如钝化程度与贫血症状的严重程度相关）。例如，最近的一项研究显示，在 VSTR 中的奖赏预测误差信号中抑郁和非抑郁组没有差异，这与早期使用不同

fMRI 范式的发现相反。

第六节　神经递质

神经递质药理作用包括对动物动机加工的影响。其他研究也认为动机与单胺神经递质释放相关，并用微透析或快速扫描循环伏安法（fast scan cyclic voltammetry，FSCV）与行为进行测量。一些研究利用光遗传学方法直接操纵中脑单胺类神经细胞。

DA 在动机中的作用的证据来自使用神经毒素 6-羟基多巴胺（6-OHDA）导致 DA 在条件反应中的作用降低，即安非他明逆转（增强 DA 信号）。直接注射 DA 激动剂或拮抗剂进入大鼠的 NAc，分别显示了条件增强的增加或减少。类似的操作也会影响 PIT 和努力支出任务在相同维度上的功能，如 DA 拮抗剂降低精力和对高努力高回报选项的偏好，这表明 DA 深刻地影响决策和行动阶段的奖励处理。

重要的是，在获得初级奖励期间的享乐反应（也就是说，在奖励处理的耗竭阶段）不受 DA 影响，但这可以通过阿片类神经递质操作被改变。最近的研究表明腺苷 A2A 受体拮抗剂可以逆转由几个干预措施（如 DA 受体拮抗剂或丁苯那嗪，一种消耗 DA 的药物）所产生的努力分配中的缺陷，可能是通过作用于腺苷 A2A 受体而与 DAD2 共同影响纹状体和鼻腔中的受体。

精神药理学研究发现 DA 与以努力为基础的动物奖励决策相关。饮食消耗 DA 前体，会减少 DA 合成、减少参与者在决策过程中对奖励的敏感度。与奖励学习相比，DA 也增加了惩罚学习。一些研究报道惩罚减少了 DA 引起纹状体的 BOLD 反应。使用 DA 受体拮抗剂阻断传导的研究取得了不太一致的结果，这可能是由于所使用的剂量和这些化合物对其他单胺系统和抑制自身受体的作用。L-多巴（L-二羟基苯丙氨酸，增加 DA 合成）、苯丙胺、哌醋甲酯（阻断 DA 再摄取）和 D2/3 受体激动剂一般影响了包括速度和活力的响应（即影响行动）、努力和风险选择（影响成本利益决策）、奖励学习和相关奖励纹状体反应等几个方面。

尽管有明确的证据表明 DA 传导（特别是纹状体）在控制动机行为中具有中心作用，但抑郁症的标准药物治疗并不针对 DA 系统。据笔者所知，除了阿戈美拉汀（褪黑激素类药，特异抗抑郁药，通过对 5-HT 的作用抑制 DA 释放）的几项初步研究，从来没有专门针对治疗快感缺失的研究。然而据报道，D2、D3 受体激动剂（吡贝地尔）可以辅助治疗接受 DBS 治疗的帕金森病患者的冷漠，减少 DA 药物剂量。多巴胺能药物通过提高奖赏敏感性增强帕金森病患者的基于努力的决策。最后，还有研究报道了胆碱酯酶抑制剂在改善帕金森病患者的冷漠方面的作用，尽管这是否通过基于努力的决策的影响尚不确定。

有趣的是，氯胺酮拮抗 NMDA 受体在治疗难治性抑郁症中有效（其中快感缺乏是常见的），而它对 DA 传输有深远的促进作用。氯胺酮也被报道在改善一般性抑郁症状及快感缺失方面有疗效，随着 VSTR 和 ACC 的静息态代谢的增加，与之相关的快感减少。我们仍需要进一步研究氯胺酮是否能改善除抗抑郁治疗之外的患者的紊乱症状。

一些研究已经将 DA 与使用 PET 的神经和精神障碍患者的动机症状联系起来。在抑郁状态下，纹状体 D2/3 受体结合与快感缺失呈负相关。在帕金森病和抑郁症患者中，纹状体 DA 转运蛋白结合与快感缺失也存在负相关，而在大麻使用者中，冷漠与低 DA 合成能力相关。DA 功能的减弱可能部分是由慢性炎症引起的，这在疲劳、冷漠和快感缺失等疾病中是常见的。

与动机有关的另一种主要神经递质是 5-HT。神经生理学研究的一个发现是 5-HT 和 DA 存在着相互作用。例如，作用于 5-HT2C 受体的药物可调节中脑和中脑皮质神经元的 DA 释放，5-HT2C 受体拮抗剂 SB-242084 增加了老鼠对食物奖励做出努力反应的次数和持续时间。这一观察可以通过奖励处理的决策或行动阶段的改变来解释。

一个证据表明 5-HT 在抑制厌恶刺激和习得性无助方面起到了抑制作用（动机反应减少）。假设 DA 表示奖励的预测误差，而 5-HT 信号表示惩罚的预测误差。最近的理论提出了一个假设，表明 5-HT 可能促进巴甫洛夫抑制控制（这可能与决策或行动有关）。

实证研究表明，5-HT 和厌恶加工的关系是过于简单化的。由 5-HT 能神经元的主要来源的中缝背核（DRN）中的神经元直接发出的记录表明，放电是由即将到来的奖赏的大小调制的（与预期有关）。类似于 DA 神经元中观察到的模式，虽然在 DRN 神经元有相当大的异质性，但对 5-HT DRN 神经元的刺激导致对延迟后的奖励的耐心增加（部分决策）。其他刺激 DRN 神经元的光遗传学研究报告说，刺激是增强的，并可引起更大的努力的倾向。然而，这种效应不仅与 5-HT 释放有关，因为一些受刺激的 DRN 神经元是谷氨酸能神经元。

5-HT 的药理研究提供了一些证据。5-HT 前体的饮食消耗减少了对于潜在惩罚的行为抑制（即去抑制），神经影像学支持的结论反映个体活力增强。其他研究表明，5-HT 前体耗尽减少预期回报值在学习任务决策期间的表现（使用计算模型评估）降低了对奖励的响应速度。对健康志愿者的另一项研究表明，选择性的 5-羟色胺再摄取抑制剂的急性和慢性给药都影响决策、降低努力成本，但不奖励评价。值得注意的是，帕金森病中的冷漠与低 5-HT 转运体结合有关，一些研究者将其解释为 VSTR 和 ACC 中神经元完整性的度量。然而，一般而言，5-HT 在动机中的作用还不清楚，这仍需要大量的进一步的实证工作帮助确定。

大量研究表明，DA 和 5-HT 系统调节基于努力的奖励决策的几个方面。然而，研究结果表明这些神经递质系统中的每一个并不都是行为研究中成分的简单映射。很少有研究注意到这些神经调节剂在塑造动机行为时的相互作用。这对治疗冷漠和快感缺失的新疗法有一定的意义。鉴于每个行为综合征的复杂性与可分离的成分过程和潜在的不同行为模式的个体被标志为具有相同的症状，似乎不太可能有单一的药物适合治疗所有患者。

目前至关重要的是，要建立一个潜在的脑机制来帮助理解冷漠或快感缺失综合征。对于一个单独的患者，使用临床定义可能不足以捕捉这些特征。不同的患者可能会出现不同的机制。此外，这些症状不必是疾病特有的，健康人偶尔也可以表现出来。因此，未来的研究将需要集中于阐明行为症候群的机制。

正如我们已经了解到的，冷漠和快感缺失是不同的疾病，二者强烈相关。问题是，哪种机制对这两种疾病可能是共同的呢？也许来确定冷漠和快感缺失是否存在根本性差异的一种更好的方法可能是，对行为进行分级并检查潜在的成分（如划定的那些成分）。以这种方式改进表型分类需要一组行为范式，并结合计算模型。

虽然冷漠和快感缺失都在临床上对生活质量有着深远的影响，但很少有人尝试开发药物治疗。鉴于明确的临床需要和密切的对应关系的行为测试，在啮齿类动物模型中药物调节和刺激的结果揭示了动机行为中神经递质参与的复杂性。然而，这些研究仍然为我们提供了希望，未来有可能开发针对基于努力的奖励决策的组成部分的治疗。这种努力也可能与心理治疗有关，如针对目标导向行为的抑郁症的行为激活疗法可以与认知行为治疗一样有效。此外，一些心理社会干预（包括认知行为疗法或运动疗法）似乎在治疗精神分裂症阴性症状方面是适度有效的，尽管我们仍然需要更好的控制研究来确定其疗效。

以上所述表明，要在这一领域取得进一步的发展，重要的是要了解冷漠和快感缺失的临床表现和机制，并在个别情况下更详细地描述表型。我们的最终目的是使用这个框架来开发个性化的治疗药物。

（全鹏）

第十五章　情感和动机神经回路的衰老

全球人口正在迅速老龄化。预测显示老年人（65 岁以上）的比例将在 2000 年和 2050 年翻倍。考虑到这一点，研究人员已经开始研究老龄化对决策和相关神经回路的影响。情感整合动机（affect integration motivation，AIM）理论有助于阐明情感和激励神经回路如何支持决策。最近的研究揭示了老龄化是否影响了这些神经回路，这为老年人如何改变决策提供了跨学科的解释。

虽然研究已经表明，老龄化可能会改变决策，但很少有人知道这些变化的轨迹或原因。结合了神经科学、心理学和经济学的方法和理论的一个新兴的跨学科领域可以弥补这些知识的空白。多个神经和心理因素有助于决策。通过将感觉输入与运动输出联系起来，认知和情感能力在决策中具有重要的作用，尤其是当个体必须权衡潜在的利益与成本时。在认知方面，已有的证据表明，尽管老龄化可以损害一些认知能力，但仍有一部分能力可以被保留下来。具体而言，流体认知能力（如工作记忆、注意力和执行控制）随着年龄的增长而稳步下降，而晶体认知能力（如特定领域知识）保持不变。因此，老年人在做出需要流体认知能力的决定（即需要同时考虑和比较多个属性和选项的选择）时可能表现会糟糕。

最近的证据还揭示了老龄化对情感（情绪反应）和动机的不同影响。对成年人的研究显示负情感体验随着年龄的增长而降低，但积极情感体验的水平保持不变，同时与阴性和阳性刺激相关的注意力和记忆有减少的趋势。这些变化可能是由于动机目标的改变（如可能来自剩余时间的感知）和独立的神经功能生理变化。总的来说，这一证据意味着老年人可能比年轻人更看重成本和收益。

在过去的几十年里，关于健康人群老龄化对大脑的影响方面的研究取得了相当大的进展。但人们最近才开始研究与年龄相关的神经、化学和功能变化是如何影响决策的。决策涉及几乎所有的脑区，因此是一个广泛而富有挑战性的研究目标。不同类型的决策也可以顺序地或并行地涉及不同的神经回路。本章主要关注涉及情感和动机加工的决策，而不是那些依赖于感觉运动处理（其中缺陷显然会影响决策）或认知处理的加工。在描述了一个可以将涉及情感和动机的神经回路中的神经活动与决策联系起来的理论框架之后，我们回顾了新出现的神经科学发现，这些发现年龄相关的变化对基于价值的决策有所启示[123]。

第一节　促进选择的神经回路

越来越多的证据显示，对决策结果的反应也会对决策产生积极的影响。在整个 20 世纪，情感是从自我报告的经验、生理或非语言行为的测量中间接推断出来的。与先驱心理学家 Wilhelm Wundt 的预测一致，心理测量研究显示，情绪体验可以用两个独立的主观维度来描述，即效价和觉醒。正性唤起可能增加接近机会的动机，而负性唤起可能增加避免威胁的动机。如果正性唤醒和负性唤醒反映了独立机制的持续活动，那么额外的机制可能整合它们的影响以促进下一个适当的行为反应。这些元素影响、整合和动机包括促进选择的神经回路框架的核心组件。

第二节　神经回路的功能和结构

神经成像方法（如 fMRI）使研究者能够跟踪支持情感和动机的神经回路中的活动。结果表明，主观觉醒与伏隔核（NAc）活性相关，而负性主观唤起与前脑岛（anterior insula，AI）有关，并且 AI 可能会减少 NAc 的活动[124]。在影响动机行为的情况下，这些发现意味着（在考虑选择时）NAc 活动应促进接近行为，而 AI 活动应促进回避行为。事实上，这些预测在不同的选择场景中成立。这些神经回路中的活动也先于社交途径和回避：NAc 活动预测合作，而 AI 活动预测与陌生人二元互动的缺陷。

虽然接近和避免反应可能足以驱动简单的选择，但是更复杂的价值评估需要将这些基本倾向与其他考虑因素相结合（如奖励的可能性、等待时间的长短或获得某物所需的努力）。研究人员发现，有证据表明，在选择选项内和跨选项需要整合属性的情况下，内侧前额皮质（mPFC）在价值整合方面具有突出的作用。功能性神经影像学研究的若干荟萃分析提示了 NAc、AI 和 mPFC 活性在影响和选择中的作用。为了激发行为，这些组件必须激活准备运动输出的神经回路，包括背侧纹状体和运动前皮质区域。来自 fMRI 的证据表明，所有这些神经回路中的活动都可以先于和预测选择。因此，这些脑区是促进选择的神经回路的候选成分。

多巴胺能神经元和去甲肾上腺素能神经元广泛而有差别地支配这些区域，并能根据环境机会和挑战迅速改变其放电速率。具体而言，NAc 接受来自腹侧被盖区（VTA）的密集多巴胺能投射，但不接受来自蓝斑的去甲肾上腺素能投射；mPFC 和 AI 同时接受来自蓝斑的 VTA 和去甲肾上腺素投射的多巴胺能投射。然而，多巴胺再摄取机制主要存在于纹状体（包括 NAc），在那里它们增强突触多巴胺的释放和清除。

灵长类动物和人类的这些神经回路的结构研究表明了进化保守的连接模式。VTA 多巴胺能神经元通过内侧前脑束投射到 NAc，然后通过 GABA 能神经元间接地通过苍白球向内侧丘脑投射。在那里，谷氨酸能神经元投射到 mPFC，然后回落到腹侧纹状体（包括 NAc 和邻近的腹侧壳核和内侧尾状）。要注意，从 mPFC 到 NAc 的谷氨酸能投射明显是单向的。纹状体到额叶区域的间接环路连接也是单向的，继续以向上螺旋状模式发展，通过内尾状核和前扣带回至尾状核背侧和运动前皮质，并被认为有助于将动机转化为行动。虽然在灵长类动物中，AI 和这些区域的结构性联系还没有得到广泛的表征，但是已有研究表明 AI 向 NAc 发出单向的谷氨酸能投射并投射到前额皮质侧面，潜在地使 AI 直接影响 NAc 活性并间接影响 mPFC 活动。

第三节　情感整合动机框架

因此，上述发现可以汇聚成一个理论框架，其中情感性神经成分首先预测增益（通过向 NAc 的多巴胺能投射）和损失（通过向 AI 的去甲肾上腺素能和多巴胺能投射），之后将这些成分的输出与进一步的评估考虑（通过对 mPFC 的谷氨酸能投射）结合在一起，再进入促进随后行动的激励成分（通过谷氨酸能投射到背纹状体和辅助运动区）。当需要考虑多个属性或选项时，可能需要额外的集成（在 mPFC 中）或比较（在 dLPFC 中）。

AIM 理论的提出是基于先前的发现和模型，这些模型及其一些组件与评估相关[125]。通过分配每个组件不同的（但连接的）功能，以情感作为开始，以动机作为结束。值得注意的是，AIM 理论是顺序的、分层的。活动首先发生在情感成分的连接中，并且随着时间的推移而传播到动机成分中。情感成分可以受到动机成分的影响，但动机成分不会受到情感成分的影响。该理论指定一组最小的和必要的组件，这些组件位于选择之前并能预测选择，但是它保留了通过那些组件的不同组合考虑选择的灵活性，并且还保持对来自其他组件的输入开放。例如，对于情感成分，关于选项显著性的信息可以通过杏仁核皮质额叶回路输入[126]；而对于集成组件，关于过去记忆或基于规则的知识性信息可以通过中颞叶 dLPFC 神经回路进入。

　　AIM 理论可能解释健康老龄化如何影响决策的具体预测。老龄化可能会危及神经结构和功能，这将导致所有组件及相关功能的普遍下降。然而，行为研究表明衰老并不会统一地改变认知和情感。就影响方面而言，如果老龄化降低了损失预期，而不是收益，则与损失预期相关的组件可能显示功能和结构下降。同样，如果老龄化损害了价值的整合，与价值整合相关的组件可能会显示功能和结构的下降。这些年龄相关的变化可以对选择偏差产生特定的影响。就认知方面而言，老龄化会损害流体能力而不是晶体能力。PFC 和内侧颞叶的功能和结构减弱可能损害需要更多注意和记忆资源的复杂选择任务的价值整合。

第四节　随年龄变化的决策变化

　　一个简单但实用的最优决策理论指出，个体在选择之前要评估其期权的期望值（或每个期权的价值大小乘以期权发生的概率）。选项的期望值受到收益大小、潜在损失、收益和损失的概率影响。预期值可以通过其他因素（包括在接收一个选项之前必须等待多长时间及获得该选项所需的努力）来进一步修改。之后，期望值可以在一组选项中推荐最佳选择，并且期望值理论甚至可以指定最优选择的必要标准（如在一组有序偏好中的选择一致性）。期望值理论启发了最近的神经成像研究，研究者开始将一些 AIM 理论组件的活动与预期值的不同方面相关联。例如，NAc 活动与增益幅度相关，AI 活动与损失幅度和增益幅度相关，mPFC 活动与值和概率积分相关。

　　然而，尽管人们经常选择与预期价值理论的预测相一致的选项，但情况并非总是如此。这为实验测量和解释次优选择创造了机会。例如，人们常在评估风险和延迟及了解价值的变化时，做出不理想的选择（或未能最大化期望值）。因此，两个重要的问题是：在这些情境中，老年人比年轻人做出更多还是更少的最优决策；当存在差异时，哪些潜在的神经机制可以解释这些差异。

第五节　价值评估的变化

　　如上所述，尽管有报道指出了老年人和年轻人存在类似的积极情感体验水平，但对于他们的负面情感体验的报道较少。实验研究表明老年人对负性材料的注意和记忆减少，然而，这些发现没有具体说明老年人在预期尚未发生的事件（可能牵涉到预期值）和响应已经发生的事件时是否表现出较少的负面影响。

　　对年轻人的行为研究表明，对不确定收益的预期可强劲而可靠地引起其积极的觉醒，而对不确定损失的预期会引起其消极的觉醒。相比之下，尽管老年人在预期货币收益时也被报道了积极的激励增加，但他们在预期损失时没有报告消极的激励增加。

　　就 AIM 理论而言，这些发现暗示：在价值评估期间，老年人可能在损失预期神经回路中显示出活动减少（或可能在增益预期电路中显示出活动增加）。在年轻人中进行的 fMRI 研究通常表明，对不确定货币收益的预期会增加 NAc、AI 和尾状核背体活动，但尚不确定货币损失的预期是否会只增加 AI 和尾状核背体活动。虽然老年人在预期的货币收益中表现出类似的 NAc 活性增加，但在预期的货币损失中他们不会表现出相同的 AI 活性增加[127]。有趣的是，年轻人和老年人在 mPFC 和腹侧纹状体对增益和损耗结果都表现出相似的神经反应[128]。因此，在老年人中，在预期收益期间的情感和神经反应都保持不变，而在预期损失期间的情感和神经反应都减少。

老年人对预期损失的反应可能会降低成本，也会带来好处。具体而言，虽然损失预期降低会增强幸福感，但这同样可能增加其对威胁的敏感性。例如，一项研究发现，与年轻人相比，老年人对陌生或不值得信赖的面孔警惕性更低，并且对这些面孔的 AI 反应更少[129]。在另一个使用社会激励的游戏的研究中，老年人回应了不公平的提议，用比年轻人更少的 AI 活动来分得一笔意外横财[130]。尽管存在这种神经差异，老年人拒绝比年轻人稍微不公平的提议。尽管负性觉醒与年轻人拒绝不公平提议相关，但在老年人中没有这种相关性，这提示其他更具认知机制的老年人可能会拒绝。这些研究结果都表明，与年龄相关的价值评估有时会直接影响决策，但不必总是改变选择。

考虑到 AIM 理论，这一证据表明：老年人保留了积极的影响和 NAc 活性，同时保留了预期收益；减少了负面影响和脑岛活动，减少了预期损失。虽然这些反映年龄相关的变化可能会影响选择，但这些实验中的大多数设计只引起情感和大脑活动。此外，这些实验中的许多不需要价值整合（跨越潜在收益和损失或相对于概率、延迟、努力）。因此，必须评估年龄相关的情感变化对选择的影响。

风险决策至少需要评估未来收益与损失的不确定性。历史上人们用不同的方式来定义风险。在财务上，期望值可以被定义为期权的平均收益和期权的平均方差[131]。金融理论进一步认为，预期价值吸引投资者，而风险排斥投资者。年轻人一般倾向于避免财务风险，这会导致次优决策。然而，金融风险偏好表现出实质上的个体差异，同时随着情境因素的作用而变化。

也许因为老年人通常需要避免身体上的风险，人们通常认为他们会比年轻人表现出更大的财务风险厌恶。然而，这些怀疑的差异并非总在良好控制的行为任务中出现。事实上，最近的荟萃分析显示，没有证据表明系统的年龄差异的风险承担。相反，在冒险增加收入的任务中，老年人避免了更多的风险；但是在冒险减少收入的任务中，老年人寻求更多的风险，这表明老年人总体上犯了更多的错误。此外，在要求老年人从最近的经验中学习的任务中，老年人的表现不如年轻人好，但在不需要学习的任务中则不然。最后，当选择被设定为损失时，老年人和年轻人在选择风险的倾向上没有差异。总的来说，这个证据与老年人表现出认知限制而不是风险偏好差异的说法是一致的。

关于 AIM 理论，这些发现表明，尽管老年人在价值评估期间表现出减少的损失预期，但这不一定转化为有偏见的财务风险承担。相反，在价值整合中的认知限制和相关妥协可能更显著地影响老年人的金融风险。在年轻人中进行的 fMRI 研究表明，预期值与 NAc 和 mPFC 活性相关，而风险预期与 AI 活性相关。此外，NAc 活性和 mPFC 活性预测金融风险寻求，AI 活动预测金融风险厌恶[132]。

目前，只有少数 fMRI 研究比较了年轻人和老年人的财务风险。老年人在赌博任务中表现出比年轻人更大的 AI 活性和更多的风险规避选择。除了在赌博任务中有更大的前额区活动外[133]，这与老年人在风险决策及一系列认知任务中前额叶活动增加的研究一致。然而，这些研究中，老年人样本数量不足使得这些发现难以被推广。一个更大样本量的研究考查了在投资任务脑卒中风险选择的年龄相关差异，旨在从每个主题中引出高风险和低风险选择。投资任务还使调查人员能够对最佳参与者的选择进行建模，从而量化每个受试者的错误，即偏离最佳选择的程度。

尽管结果显示在规避风险的选择上没有年龄相关的差异，但他们确实发现老年人存在更多的寻求风险的错误。此外，老年人 NAc 活动随时间表现出更多的随机变化，这在统计学上可以解释增加寻找风险的错误。一项独立研究使用没有经济刺激的不同任务，也发现 NAc 和中脑活动的年龄相关性变异性增加。虽然大多数 fMRI 研究关注于平均活动，但变异性可以提供一个重要但常常被忽视的衡量标准，这也可以阐明衰老如何影响选择[134]。

　　总之，这些研究结果表明，预期价值评估期间神经活动的变异性可能随着年龄的增长而增加。与此相符，老年人在奖励学习中更难估计期望值。因此，在估计期望值期间，神经变异性增加可能导致风险偏好中明显的年龄相关差异。这种变异性的来源不仅可以反映 NAc 活性，还可以反映来自中脑的多巴胺能输入或来自 mPFC 的谷氨酸能输入的变化。与 mPFC 提供更多可变的谷氨酸能输入的可能性相一致，一项对老年人的研究发现，在具有学习成分的赌博任务中收入较低的个体显示 mPFC 活动的减少[135]。考虑到 AIM 理论，这些早期发现表明，由 mPFC 向 NAc 投影传递的集成信号中更大的可变性可能破坏对预期值估计及相关的风险选择。

　　人们通常将潜在奖励贬值（或打折）作为他们必须等待获得的时间的函数。年轻人对收益的暂时贴现率通常比这些收益随着时间流逝的实际贬值率要高。这种对未来收益的非线性贬值（称为延迟贴现）可以引发次优选择。与风险偏好一样，个体对未来收益的贴现倾向确实不同，而激励类型等情境因素也可能加剧延迟贴现[136]。越来越多的行为研究表明老年人比年轻人更不满意未来的奖励。因此，老年人的选择更近似于未来回报的市场价值。

　　神经影像学研究表明，NAc 和 mPFC 活性使得年轻人倾向于将即时奖励与未来奖励（包括感官奖励和财务奖励）相提并论。虽然 NAc 活性在未来奖励价值评估中的作用也较小，但所有的这些证据表明，PFC（包括 dLPFC 和可能的 mPFC）中的活动在想象和将价值扩展到未来回报的能力方面具有更显著的作用。从 AIM 理论的观点来看，这些发现表明至少有三种可能来解释老年人平衡未来和当前回报的能力。具体而言，在老年人中见到的延迟折扣水平较低，可能是由于对从即时奖励中获利的预期降低，对从未来奖励中获利的预期增加，或将来奖励与总体价值评估的集成增加。

　　只有两个 fMRI 研究直接比较了年轻人和老年人在时间评估任务中的神经反应[137, 138]。在这两项研究中，年轻人对即时奖励的反应比未来奖励的反应显示出更多的腹侧纹状体活动，而老年人对即时奖励和未来奖励的反应具有相似的腹侧纹状体活动。此外，在所有年龄的成年人中，腹侧纹状体活动对未来奖励的反应预测了个体对未来奖励的相对偏好的差异。然而，这些研究并没有发现在考虑未来奖励时，老年人和年轻人的前额叶活动存在差异。

　　这些神经影像结果与行为发现一致表明，年轻人重视即时奖励多于未来奖励，老年人对二者同样看重。关于 AIM 理论，这些发现支持立即奖励唤起更少的收益预期的概念，或认为未来奖励在老年人中引起更多的增益预期的概念，但是它们不牵涉妥协的价值整合。对即时奖励的反应性降低可能意味着老龄化会损害中脑对腹侧纹状体的多巴胺能输入[137]，但是药理研究数据并不完全支持这一假设[138]。相反，增强对未来奖励的反应性可能意味着衰老保留了中脑多巴胺能输入或腹侧纹状体 mPFC 谷氨酸能输入，从而在考虑未来收益时优化时间选择[139]。使用因果情感操纵的未来研究可以比较这些说法的合理性，也可以测试老年人更理想的时间选择是否源于生理变化、是否经历神经纤维变性[140]。

　　传统的估价理论常不考虑这些价值的来源。虽然有些价值观可能有其固有的起源，但大多数都是经验性的，可能需要不断调整以适应不断变化的环境。价值学习是动态的和复杂的，内隐地改变上面描述的任何估值机制。即使在简单的概率学习的情况下，人们最终可以知道一种选择比另一种更有可能产生收益，但在这一过程中，他们常表现出次优的选择模式。与其他类型的评估一样，个体在学习表现上确实不同，情境影响可能加速或减速学习。

可能是由于不同的任务需求，老年人和年轻人的价值学习行为产生了不一致的结果。例如，尽管一些研究表明老年人与年轻人相比在学习过程中对获得的反应能力降低，但其他研究者则建议应减少对损失的反应能力。研究还发现老年人对收入的敏感度降低，这可能反映了生命结束时积极情感的轻微下降。然而，在整个研究中，研究者们普遍注意到老年人学习收益和损失的速度较慢，这与价值学习中的一般年龄递减一致。

关于 AIM 理论，这些发现表明老龄化可能危及概率学习中的增益预期或价值整合。在年轻人的 fMRI 研究中，获得性学习任务通常引起 NAc 和 mPFC 的相关活动，而损失学习任务更常引起 AI 中的相关活动。与学习成绩下降相一致，fMRI 研究显示老年人学习过程中 NAc 活性降低。此外，EEG 研究也显示在老年人学习期间额叶电位降低。这些神经差异可能反映了奖赏预测误差模型的学习更新减弱[141]。两项关于激励性学习的 fMRI 研究明确显示，相对于年轻人，老年人的 mPFC 和 NAc 中的奖赏预测误差相关的神经活性降低[142]。此外，在一项 fMRI 和药理学的联合研究中，增加多巴胺活性的药物可改善学习并恢复 NAc 活性，而 NAc 活性与表现不佳的老年人的奖励预测错误有关[141]。

对于奖励学习，与年龄相关的 NAc 活动减少似乎与价值评估期间保留的 NAc 活动不一致。为了直接将价值评估与学习进行比较，通过 fMRI 研究了老年人的神经反应，以探究老年人是否有可能在学习需求的任务中获益。与先前的学习研究一样，在概率学习中，老年人显示与奖赏预测误差相关的 mPFC 和 NAc 活动减少，但在价值评估任务中保留了 NAc 对货币收益的响应[141]。因此，在价值学习期间，NAc 活性的年龄相关性下降似乎并非源于对奖励缺乏生理反应，而是基于反馈改变了现有奖励预测。从 AIM 理论的观点来看，老年人可能不会遭受与 NAc 活动相关的增益预期降低的痛苦，这是因为老年人缺乏对纠正预期的新信息的响应，这是通过 mPFC 谷氨酸能投射传递给 NAc 的。

为了明确地测试额侧连接是否可以解释奖励学习中年龄相关的减少现象，研究者用 DTI 成像研究评估了社区成年人寿命样本中脑白质通路的结构一致性，并分析其连贯性与概率学习任务性能的关系。结果发现，老龄化不仅削弱了额侧纹状体神经通路（特别是连接丘脑和 mPFC 的神经束、mPFC 和 NAc）的连贯性，而且这些通路的连贯性降低完全解释了老龄化对学习的影响[143]。关于 AIM 理论，这些发现强调了考虑组件的连接的重要性，并且有力暗示我们，与年龄相关的额侧向信号传递的减少可能导致奖励学习减少。因此，与年龄相关的价值整合损失可能导致奖励学习的缺陷，并且这可能延伸到需要奖励学习的任何任务（包括动态风险承担）。然而，内隐奖励学习中的年龄相关变化必须与外显记忆中的年龄相关变化区分开来，这既与相关的神经回路有关，也与心理过程有关。

跨学科研究的进展已经开始将年龄相关的决策改变与情感和动机大脑回路的改变联系起来。具体而言，新的证据表明：在老年人中，增益预期和相关的 NAc 活性得以保持，但损失预期和相关的 AI 活性相对降低。老年人表现出更多可变的风险选择，这与思考风险选择时更多可变的 NAc 活动有关。老年人可能更加重视未来的奖励，这可能与 NAc 活动相对增加有关，以帮助老年人应对未来的变化。最后，老年人表现出奖励学习减少，这可能与 NAc 对违反奖励期望的反应性降低及 mPFC 到 fiNAc 的结构连接性降低有关。

这些结果表明，老龄化并不能均匀地降低决策绩效，并且在某些情况下，它可以增强决策绩效。决策的最优标准很难定义，但对于期望价值理论来说，人们应该选择更大价值的期权，并且应该以与其偏好相一致的方式进行选择。与最佳选择一致，老年人似乎预期收益（但不损失）与年轻人的程度相同，也倾向于在时间评估中做出更优的选择。然而，与最优选择不一致，当价值评估动态变化或需要跨多个属性或选项集成时（如在风险选择或概率学习的情况下），老年人似乎比年轻人的选择更优。

这些发现还描绘了老龄化在选择之前如何影响神经活动的不同图景，相关结果不完全符合全脑与年龄相关的神经衰退的特征。作为替代，AIM 理论描述了可以共同促进最佳决策的不同的关键神经组件和连接。这种分层和组件化的框架可以提供更丰富、更准确的理论，以了解老龄化对决策性能的不同影响。例如，NAc 的增益预期神经回路随着老龄化而相对保持稳定，而与 mPFC 到 NAc 的连接相关联的神经回路退化，可能会保留增益预期，但是在风险选择和概率学习的动态更新上可能受到损害。

AIM 理论填补了先前理论上的空白，补充了现存的与年龄相关的注意力、记忆和认知控制变化的神经学解释。如最近使用购买任务的研究发现，在简单的选择方面，老年人与年轻人做出类似的最佳选择；然而在需要工作记忆的复杂选择中，只有那些显示出 mPFC 活性增加的老年人能够与年轻人的表现相匹配[144]。未来研究可以将 AIM 理论与现有的老龄化对决策制订的认知模型联系起来。

复杂的决策任务可能会涉及更多的目标框架的组成部分。虽然不同的组件可能会产生类似的选择，但了解潜在的机制可以帮助研究人员确定如何干预与优化决策。神经科学方法在解决与年龄相关的决策变化方面的应用才刚刚开始，人们对此提出了大量问题，但目前只能就其中的一小部分进行回答。例如，在决策场景被减少的情况下，损失预期是有益还是有害的？由于生理变化导致的与年龄相关的决策绩效变化与应对这些变化的心理策略相比有多大？虽然有一些证据表明年龄相关的多巴胺活性降低[141]，但也有其他证据表明了更广泛的年龄相关神经化学物质变化（去甲肾上腺素能和谷氨酸能），所有这些都会影响决策绩效。此外，结构变化在多大程度上影响关键组件的通信？哪些连接是决策的核心？它们可以通过干预来修改吗？最后，神经科学如何改进决策辅助工具的设计和评估呢？

随着对老龄化和决策的科学研究的发展，社会对使用这项研究来告知政策的兴趣也将增加。研究结果可能会有助于开发更具针对性的行为和神经干预。随着越来越多的老年人努力做出更好的决定，这一新的信息可能为改善老年人的生命质量提供更好的希望。

（全鹏）

参 考 文 献

[1] 万崇华. 生命质量测定与评价方法 [M]. 昆明: 云南大学出版社, 1999.

[2] 方积乾. 生存质量测定方法及应用 [M]. 北京: 北京医科大学出版社, 2000.

[3] 郑良成, 田辉荣, 谢培增. 医学生存质量评估 [J]. 北京: 军事医学科学院出版社, 2005.

[4] 万崇华, 罗家洪, 杨铮. 癌症患者生命质量测定与应用 [M]. 北京: 科学出版社, 2007.

[5] 汤学良, 张灿珍, 卢玉波. 生命质量测评在肿瘤临床中的应用 [M]. 昆明: 云南科技出版社, 2009.

[6] 朱燕波. 生命质量(QOL)测量与评价 [M]. 北京: 人民军医出版社, 2010.

[7] 万崇华. 慢性病患者生命质量测评与应用 [M]. 北京: 科学出版社, 2015.

[8] 万崇华. 生命质量研究导论: 测定·评价·提升[M]. 北京: 科学出版社, 2016.

[9] Bakas T, McLennon S M, Carpenter J S, et al. Systematic review of health-related quality of life models [J]. Health and Quality of Life Outcomes, 2012,10(1): 134.

[10] Pelayo-Alvarez M, Perez-Hoyos S, Agra-Varela Y. Reliability and concurrent validity of the palliative outcome scale, the rotterdam symptom checklist, and the brief pain inventory [J]. Journal of Palliative Medicine, 2013,16(8): 867-874.

[11] Springgate B, Tang L, Ong M, et al. Comparative effectiveness of coalitions versus technical assistance for depression quality improvement in persons with multiple chronic conditions [J]. Ethnicity & Disease, 2018,28(Supp): 325-338.

[12] Smith M L, Cho J, Salazar C J, et al. Changes in quality of life indicators among chronic disease self-management program participants: An examination by race and ethnicity [J]. Ethnicity & Disease, 2013,23(2): 182-188.

[13] Pazo E E, McNeely R N, Richoz O, et al. Pupil influence on the quality of vision in rotationally asymmetric multifocal iols with surface-embedded near segment [J]. Journal of Cataract & Refractive Surgery, 2017,43(11): 1420-1429.

[14] Schoormans D, Darabi H, Li J, et al. In search for the genetic basis of quality of life in healthy swedish women--a gwas study using the icogs custom genotyping array [J]. PLoS One, 2015,10(10): e0140563.

[15] Jurczak A, Szkup M, Wieder-Huszla S, et al. The assessment of the relationship between personality, the presence of the 5htt and mao-a polymorphisms, and the severity of climacteric and depressive symptoms in postmenopausal women [J]. Archives of Women's Mental Health, 2015,18(4): 613-621.

[16] Katsumata R, Shiotani A, Murao T, et al. The tph1 rs211105 gene polymorphism affects abdominal symptoms and quality of life of diarrhea-predominant irritable bowel syndrome [J]. Journal of Clinical Biochemistry and Nutrition, 2018, 62(3): 270-276.

[17] Jun S-E, Kohen R, Cain K C, et al. Tph gene polymorphisms are associated with disease perception and quality of life in women with irritable bowel syndrome [J]. Biological Research for Nursing, 2014,16(1): 95-104.

[18] Alexander K, Cooper B, Paul S M, et al. Evidence of associations between cytokine gene polymorphisms and quality of life in patients with cancer and their family caregivers. Oncology Nursing Forum, 2014 ,41(5): E267-E281.

[19] Alexander K E, Chambers S, Spurdle A B, et al. Association between single-nucleotide polymorphisms in growth factor genes and quality of life in men with prostate cancer and the general population [J]. Quality of Life Research, 2015, 24(9): 2183-2193.

[20] Shu L, Sauter N S, Schulthess F T, et al. Transcription factor 7-like 2 regulates β-cell survival and function in human pancreatic islets. Diabetes, 2008, 57(3): 645-653.

[21] Xiao P, Chen J R, Zhou F, et al. Methylation of P16 in exhaled breath condensate for diagnosis of non-small cell lung cancer [J]. Lung Cancer (Amsterdam, Netherlands), 2014, 83(1): 56-60.

[22] Liu Z, Sun R, Lu W, et al. The -938a/a genotype of bcl2 gene is associated with esophageal cancer [J]. Medical oncology(Northwood, London, England), 2012, 29(4): 2677-2683.

[23] Kushnir V M, Cassell B, Gyawali C P, et al. Genetic variation in the beta-2 adrenergic receptor (adrb2) predicts functional gastrointestinal diagnoses and poorer health-related quality of life [J]. Alimentary Pharmacology & Therapeutics, 2013, 38(3): 313-323.

[24] Janicak P G, Dokucu M E. Transcranial magnetic stimulation for the treatment of major depression [J]. Neuropsychiatric Disease & Treatment, 2015, 11(default): 1549.

[25] Klooster D C, de Louw A J, Aldenkamp A P, et al. Technical aspects of neurostimulation: Focus on equipment, electric field modeling, and stimulation protocols [J]. Neuroscience & Biobehavioral Reviews, 2016, 65: 113-141.

[26] Ahn H M, Kim S E, Kim S H. The effects of high-frequency rtms over the left dorsolateral prefrontal cortex on reward responsiveness [J]. Brain Stimulation, 2013, 6(3): 310.

[27] Fettes P, Peters S, Giacobbe P, et al. Neural correlates of successful orbitofrontal 1 hz rtms following unsuccessful dorsolateral and dorsomedial prefrontal rtms in major depression: A case report [J]. Brain Stimulation, 2017, 10(1): 165.

[28] Fox M D, Buckner R L, Liu H, et al. Resting-state networks link invasive and noninvasive brain stimulation across diverse psychiatric and neurological diseases [J]. Proceedings of the National Academy of Sciences, 2014,111(41): E4367-E4375.

[29] Rolls E T. A non-reward attractor theory of depression [J]. Neurosci Biobehav Rev, 2016,68: 47-58.

[30] Nauczyciel C, Le Jeune F, Naudet F, et al. Repetitive transcranial magnetic stimulation over the orbitofrontal cortex for obsessive-compulsive disorder: A double-blind, crossover study [J]. Translational Psychiatry, 2014, 4(9): e436.

[31] Beer J S, Chester D S, Hughes B L. Social threat and cognitive load magnify self-enhancement and attenuate self-deprecation [J]. Journal of Experimental Social Psychology, 2013, 49(4): 706-711.

[32] Dalwani M S, Tregellas J R, Andrewshanna J R, et al. Default mode network activity in male adolescents with conduct and substance use disorder [J]. Drug Alcohol Depend, 2014,134(1): 242-250.

[33] Qin P, Northoff G. How is our self related to midline regions and the default-mode network [J]. Neuroimage, 2011, 57(3): 1221-1233.

[34] Moran J M, Kelley W M, Heatherton T F. What can the organization of the brain's default mode network tell us about self-knowledge [J]. Frontiers in Human Neuroscience, 2013, 7: 391.

[35] Li W, Mai X, Chao L. The default mode network and social understanding of others: What do brain connectivity studies tell us [J]. Frontiers in Human Neuroscience, 2014, 8(9): 74.

[36] Whitfield-Gabrieli S, Moran J M, Nieto-Castañón A, et al. Associations and dissociations between default and self-reference networks in the human brain [J]. Neuroimage, 2011, 55(1): 225-232.

[37] Wagner D D, Haxby J V, Heatherton T F. The representation of self and person knowledge in the medial prefrontal cortex [J]. Wiley Interdisciplinary Reviews Cognitive Science, 2012, 3(4): 451.

[38] Smallwood J. Distinguishing how from why the mind wanders: A process-occurrence framework for self-generated mental activity [J]. Psychological Bulletin, 2013, 139(3): 519-535.

[39] Van O F. A dissociation between social mentalizing and general reasoning [J]. Neuroimage, 2011, 54(2): 1589-1599.

[40] Beer J S. Exaggerated positivity in self‐evaluation: A social neuroscience approach to reconciling the role of self-esteem protection and cognitive bias [J]. Social & Personality Psychology Compass, 2015, 8(10): 583-594.

[41] Sharot T, Korn C W, Dolan R J. How unrealistic optimism is maintained in the face of reality [J]. Nature

Neuroscience, 2011, 14(11): 1475.

[42] D'Argembeau A, Jedidi H, Balteau E, et al. Valuing one's self: Medial prefrontal involvement in epistemic and emotive investments in self-views [J]. Cerebral Cortex, 2012, 22(3): 659-667.

[43] Taru F, Beer J S. Three ways in which midline regions contribute to self-evaluation [J]. Frontiers in Human Neuroscience, 2013, 7(7): 450.

[44] Hughes B L, Beer J S. Medial orbitofrontal cortex is associated with shifting decision thresholds in self-serving cognition [J]. Neuroimage, 2012, 61(4): 889-898.

[45] Vandellen M R, Campbell W K, Hoyle R H, et al. Compensating, resisting, and breaking: A meta-analytic examination of reactions to self-esteem threat [J]. Personality & Social Psychology Review An Official Journal of the Society for Personality & Social Psychology Inc, 2011, 15(1): 51.

[46] Laird A R, Eickhoff S B, Li K, et al. Investigating the functional heterogeneity of the default mode network using coordinate-based meta-analytic modeling [J]. Journal of Neuroscience, 2015, 29(46): 14496-14505.

[47] Leech R, Sharp D J. The role of the posterior cingulate cortex in cognition and disease [J]. Brain, 2014, 137(1): 12-32.

[48] Decety J, Michalska K J, Kinzler K D. The contribution of emotion and cognition to moral sensitivity: A neurodevelopmental study [J]. Cerebral Cortex, 2012, 22(1): 209-220.

[49] Baumgartner T, Götte L, Gügler R, et al. The mentalizing network orchestrates the impact of parochial altruism on social norm enforcement [J]. Human Brain Mapping, 2012, 33(6): 1452-1469.

[50] Denny B T, Kober H, Wager T D, et al. A meta-analysis of functional neuroimaging studies of self- and other judgments reveals a spatial gradient for mentalizing in medial prefrontal cortex [J]. Journal of Cognitive Neuroscience, 2012, 24(8): 1742.

[51] Farrer C, Bouchereau M, Jeannerod M, et al. Effect of distorted visual feedback on the sense of agency [J]. Behavioural Neurology, 2016, 19(1-2): 53-57.

[52] Dewey J A, Knoblich G. Do implicit and explicit measures of the sense of agency measure the same thing [J]. PLoS One, 2014, 9(10): e110118.

[53] Yoshie M, Haggard P. Negative emotional outcomes attenuate sense of agency over voluntary actions [J]. Current Biology, 2013, 23(20): 2028-2032.

[54] Caspar E A, Cleeremans A, Haggard P. The relationship between human agency and embodiment [J]. Conscious Cogn, 2015, 33: 226-236.

[55] Ganos C, Asmuss L, Bongert J, et al. Volitional action as perceptual detection: Predictors of conscious intention in adolescents with tic disorders [J]. Cortex, 2015, 64(2): 47-54.

[56] Jo H G, Wittmann M, Hinterberger T, et al. The readiness potential reflects intentional binding [J]. Frontiers in Human Neuroscience, 2014, 8: 421.

[57] Barlas Z, Obhi S S. Freedom, choice, and the sense of agency [J]. Frontiers in Human Neuroscience, 2013, 7(7): 514.

[58] Khalighinejad N, Costa S D, Haggard P. Endogenous action selection processes in dorsolateral prefrontal cortex contribute to sense of agency: A meta-analysis of tdcs studies of 'intentional binding' [J]. Brain Stimulation, 2016, 9(3): 372-379.

[59] Hughes G, Desantis A, Waszak F. Attenuation of auditory n1 results from identity-specific action-effect prediction [J]. European Journal of Neuroscience, 2013, 37(7): 1152-1158.

[60] Walsh E, Haggard P. Action, prediction, and temporal awareness [J]. Acta Psychologica, 2013, 142(2): 220.

[61] Chambon V, Wenke D, Fleming S M, et al. An online neural substrate for sense of agency [J]. Cerebral Cortex, 2013, 23(5): 1031-1037.

[62] Chambon V, Moore J W, Haggard P. Tms stimulation over the inferior parietal cortex disrupts prospective sense of agency [J]. Brain Structure & Function, 2015, 220(6): 3627-3639.

[63] Cavazzana A, Penolazzi B, Begliomini C, et al. Neural underpinnings of the 'agent brain': New evidence from transcranial direct current stimulation [J]. European Journal of Neuroscience, 2015, 42(3): 1889.

[64] Caspar Emilie A, Christensen Julia F, Cleeremans A, et al. Coercion changes the sense of agency in the human brain [J]. Current Biology Cb, 2016, 26(5): 585-592.

[65] Labar K S, Disterhoft J F. Conditioning, awareness, and the hippocampus [J]. Hippocampus, 2015, 8(6): 620-626.

[66] Black M M, Walker S P, Fernald L C H, et al. Advancing early childhood development: From science to scale 1: Early childhood development coming of age: Science through the life course [J]. Lancet, 2017, 389(10064): 77-90.

[67] Farah M J. The neuroscience of socioeconomic status: Correlates, causes, and consequences [J]. Neuron, 2017, 96(1): 56-71.

[68] Johnson S B, Riis J L, Noble K G. State of the art review: Poverty and the developing brain [J]. Pediatrics, 2016, 137(4): e20153075.

[69] Lipina S J, Segretin M S. Strengths and weakness of neuroscientific investigations of childhood poverty: Future directions [J]. Frontiers in Human Neuroscience, 2015, 9(53): 1.

[70] Sheridan, Margaret A, McLaughlin, et al. Dimensions of early experience and neural development: Deprivation and threat [J]. Trends in Cognitive Sciences, 2014, 18(11): 580-585.

[71] Lawson G M, Camins J S, Wisse L, et al. Childhood socioeconomic status and childhood maltreatment: Distinct associations with brain structure [J]. PLoS One, 2017, 12(4): e0175690.

[72] Evans G W, Li D, Whipple S S. Cumulative risk and child development [J]. Psychological Bulletin, 2013, 139(6): 1342-1396.

[73] Noble K G, Houston S M, Brito N H, et al. Family income, parental education and brain structure in children and adolescents [J]. Nature Neuroscience, 2015, 18(5): 773-778.

[74] Demir Ö E, Prado J, Booth J R. Parental socioeconomic status and the neural basis of arithmetic: Differential relations to verbal and visuo - spatial representations [J]. Developmental Science, 2015, 18(5): 799-814.

[75] Yang J, Liu H, Wei D, et al. Regional gray matter volume mediates the relationship between family socioeconomic status and depression-related trait in a young healthy sample [J]. Cognitive, Affective, & Behavioral Neuroscience, 2016, 16(1): 51-62.

[76] Luby J, Belden A, Botteron K, et al. The effects of poverty on childhood brain development: The mediating effect of caregiving and stressful life events [J]. Jama Pediatrics, 2013, 167(12): 1135-1142.

[77] Swartz J R, Hariri A R, Williamson D E. An epigenetic mechanism links socioeconomic status to changes in depression-related brain function in high-risk adolescents [J]. Molecular Psychiatry, 2016, 22(2): 209-214 .

[78] Piccolo L R, Merz E C, He X, et al. Age-related differences in cortical thickness vary by socioeconomic status [J]. PLoS One, 2016, 11(9): e0162511.

[79] Callaghan B L, Tottenham N. The stress acceleration hypothesis: Effects of early-life adversity on emotion circuits and behavior [J]. Current Opinion in Behavioral Sciences, 2016, 7: 76-81.

[80] Elbejjani M, Fuhrer R, Abrahamowicz M, et al. Life-course socioeconomic position and hippocampal atrophy in a prospective cohort of older adults [J]. Psychosomatic Medicine, 2017, 79(1): 14.

[81] Gabrieli J D, Ghosh S S, Whitfieldgabrieli S. Prediction as a humanitarian and pragmatic contribution from human cognitive neuroscience [J]. Neuron, 2015, 85(1): 11-26.

[82] Hair N L, Hanson J L, Wolfe B L, et al. Association of child poverty, brain development, and academic achievement [J]. Jama Pediatrics, 2015, 169(9): 822.

[83] Mcewen C A, Mcewen B S. Social structure, adversity, toxic stress, and intergenerational poverty: An early childhood model [J]. Annual Review of Sociology, 2017, 43(1): 445-472.

[84] Nestler E J, Peña C J, Kundakovic M, et al. Epigenetic basis of mental illness [J]. Neuroscientist A Review Journal Bringing Neurobiology Neurology & Psychiatry, 2015, 22(5): 447.

[85] Curley J P, Champagne F A. Influence of maternal care on the developing brain: Mechanisms, temporal dynamics and sensitive periods [J]. Frontiers in Neuroendocrinology, 2016, 40: 52-66.

[86] Brody G H, Gray J C, Yu T, et al. Protective prevention effects on the association of poverty with brain development [J]. Jama Pediatrics, 2016, 171(1): 46-52.

[87] Pavlakis A E, Noble K, Pavlakis S G, et al. Brain imaging and electrophysiology biomarkers: Is there a role in poverty and education outcome research [J]. Pediatric Neurology, 2015, 52(4): 383-388.

[88] Neville H J, Stevens C, Pakulak E, et al. Family-based training program improves brain function, cognition, and behavior in lower socioeconomic status preschoolers [J]. Pnas, 2013, 110(29): 12138-12143.

[89] Noble K G. Brain trust [J]. Scientific American, 2017, 316(3): 44-49.

[90] Rd N C. An international approach to research on brain development [J]. Trends in Cognitive Sciences, 2015, 19(8): 424-426.

[91] Perera F, Herbstman J. Prenatal environmental exposures, epigenetics, and disease [J]. Reproductive Toxicology, 2011, 31(3): 363-373.

[92] Gilman S E, Hornig M, Ghassabian A, et al. Socioeconomic disadvantage, gestational immune activity, and neurodevelopment in early childhood [J]. Proceedings of the National Academy of Sciences of the United States of America, 2017, 114(26): 6728.

[93] Buss C, Davis E P, Shahbaba B, et al. Maternal cortisol over the course of pregnancy and subsequent child amygdala and hippocampus volumes and affective problems [J]. Proceedings of the National Academy of Sciences of the United States of America, 2012, 109(20): 7613-7614.

[94] Harrison C A, Taren D. How poverty affects diet to shape the microbiota and chronic disease [J]. Nature Reviews Immunology, 2017, 18(4): 279-287.

[95] Uddin M, Jansen S, Telzer E H. Adolescent depression linked to socioeconomic status? Molecular approaches for revealing premorbid risk factors [J]. Bioessays, 2017, 39(3): 1600194.

[96] Zhang T Y, Labonté B, Wen X L, et al. Epigenetic mechanisms for the early environmental regulation of hippocampal glucocorticoid receptor gene expression in rodents and humans [J]. Neuropsychopharmacology, 2013, 38(1): 111-123.

[97] Treede R D, Rief W, Barke A, et al. A classification of chronic pain for icd-11 [J]. Pain, 2015, 156(6): 1003-1007.

[98] Fayaz A, Croft P, Langford R, et al. Prevalence of chronic pain in the uk: A systematic review and meta-analysis of population studies [J]. BMJ Open, 2016, 6(6): e010364.

[99] Reardon S. The painful truth [J]. Nature, 2015, 518(7540): 474-476.

[100] Davis K D. Legal and ethical issues of using brain imaging to diagnose pain [J]. Pain Reports, 2016, 1(4): e577.

[101] Davis K D, Kucyi A, Moayedi M. The pain switch: An "ouch" detector [J]. Pain, 2015, 156(11): 2164-2166.

[102] Bushnell M C, Čeko M, Low L A. Cognitive and emotional control of pain and its disruption in chronic pain [J]. Nature Reviews Neuroscience, 2013, 14(7): 502.

[103] Erpelding N, Davis K D. Neural underpinnings of behavioural strategies that prioritize either cognitive task performance or pain [J]. Pain, 2013, 154(10): 2060-2071.

[104] Davis K D, Moayedi M. Central mechanisms of pain revealed through functional and structural mri [J]. Journal of Neuroimmune Pharmacology, 2013, 8(3): 518-534.

[105] Malfliet A, Coppieters I, Van Wilgen P, et al. Brain changes associated with cognitive and emotional factors in chronic pain: A systematic review [J]. European Journal of Pain, 2017, 21(5): 769-786.

[106] Mayer E A, Gupta A, Kilpatrick L A, et al. Imaging brain mechanisms in chronic visceral pain [J]. Pain, 2015, 156(1): S50.

[107] Ploner M, Sorg C, Gross J. Brain rhythms of pain [J]. Trends in Cognitive Sciences, 2017, 21(2): 100-110.

[108] Hu L, Iannetti G D. Painful issues in pain prediction [J]. Trends in Neurosciences, 2016, 39(4): 212-220.

[109] Kucyi A, Davis K D. The dynamic pain connectome [J]. Trends in Neurosciences, 2015, 38(2): 86-95.

[110] Woo C W, Chang L J, Lindquist M A, et al. Building better biomarkers: Brain models in translational neuroimaging [J]. Nature Neuroscience, 2017, 20(3): 365.

[111] Kuner R, Flor H. Structural plasticity and reorganisation in chronic pain [J]. Nature Reviews Neuroscience, 2017, 18(1): 20.

[112] Haynes J D. A primer on pattern-based approaches to fmri: Principles, pitfalls, and perspectives [J]. Neuron, 2015, 87(2): 257-270.

[113] Liang M, Mouraux A, Hu L, et al. Primary sensory cortices contain distinguishable spatial patterns of activity for each sense [J]. Nature Communications, 2013, 4: 1979.

[114] Todd M T, Nystrom L E, Cohen J D. Confounds in multivariate pattern analysis: Theory and rule representation case study [J]. Neuroimage, 2013, 77: 157-165.

[115] Woo C W, Koban L, Kross E, et al. Separate neural representations for physical pain and social rejection [J]. Nature Communications, 2014, 5: 5380.

[116] Tracey I. Neuroimaging mechanisms in pain: From discovery to translation [J]. Pain, 2017, 158: S115-S122.

[117] Loggia M L, Kim J, Gollub R L, et al. Default mode network connectivity encodes clinical pain: An arterial spin labeling study [J]. Pain, 2013, 154(1): 24-33.

[118] Hemington K S, Wu Q, Kucyi A, et al. Abnormal cross-network functional connectivity in chronic pain and its association with clinical symptoms [J]. Brain Structure and Function, 2016, 221(8): 4203-4219.

[119] Wager T D, Atlas L Y, Botvinick M M, et al. Pain in the acc [J]. Proceedings of the National Academy of Sciences, 2016: 201600282.

[120] Nichols T E, Das S, Eickhoff S B, et al. Best practices in data analysis and sharing in neuroimaging using mri [J]. Nature Neuroscience, 2017, 20(3): 299.

[121] Logothetis N K. Intracortical recordings and fmri: An attempt to study operational modules and networks simultaneously [J]. Neuroimage, 2012, 62(2): 962-969.

[122] Sobczyk O, Battisti-Charbonney A, Poublanc J, et al. Assessing cerebrovascular reactivity abnormality by comparison to a reference atlas [J]. Journal of Cerebral Blood Flow & Metabolism, 2015, 35(2): 213-220.

[123] Braver T S, Krug M K, Chiew K S, et al. Mechanisms of motivation-cognition interaction: Challenges and opportunities [J]. Cogn Affect Behav Neurosci, 2014, 14(2): 443-472.

[124] Knutson B, Katovich K, Suri G. Inferring affect from fmri data [J]. Trends in Cognitive Sciences, 2014, 18(8): 422-428.

[125] Bartra O, Mcguire J T, Kable J W. The valuation system: A coordinate-based meta-analysis of bold fmri experiments examining neural correlates of subjective value [J]. Neuroimage, 2013, 76(1): 412-427.

[126] Phelps E A, Lempert K M, Sokolhessner P. Emotion and decision making: Multiple modulatory neural circuits [J]. Annual Review of Neuroscience, 2014, 37(1): 263-287.

[127] Wu C C, Samanez-Larkin G R, Katovich K, et al. Affective traits link to reliable neural markers of incentive anticipation [J]. Neuroimage, 2014, 84(3): 279-289.

[128] Samanez-Larkin G R, Worthy D A, Mata R, et al. Adult age differences in frontostriatal representation of prediction error but not reward outcome [J]. Cognitive Affective & Behavioral Neuroscience, 2014, 14(2): 672-682.

[129] Castle E, Eisenberger N I, Seeman T E, et al. Neural and behavioral bases of age differences in perceptions of trust [J]. Proceedings of the National Academy of Sciences of the United States of America, 2012, 109(51): 20848-20852.

[130] Harlé K M, Sanfey A G. Social economic decision-making across the lifespan: An fmri investigation [J]. Neuropsychologia, 2012, 50(7): 1416-1424.

[131] Markowitz H. Portfolio selection [J]. Journal of Finance, 2012, 7(1): 77-91.

[132] Wu C C, Sacchet M D, Brian K. Toward an affective neuroscience account of financial risk taking [J]. Frontiers in Neuroscience, 2012, 6(159): 159.

[133] Mccarrey A C, Henry J D, Von W H, et al. Age differences in neural activity during slot machine gambling: An fmri study [J]. PLoS One, 2012, 7(11): e49787.

[134] Garrett D D, Samanezlarkin G R, Macdonald S W, et al. Moment-to-moment brain signal variability: A next frontier in human brain mapping [J]. Neuroscience & Biobehavioral Reviews, 2013, 37(4): 610-624.

[135] Rogalsky C, Vidal C, Li X, et al. Risky decision-making in older adults without cognitive deficits: An fmri study of vmpfc using the iowa gambling task [J]. Social Neuroscience, 2012, 7(2): 178-190.

[136] Peters J, Büchel C. The neural mechanisms of inter-temporal decision-making: Understanding variability [J]. Trends in Cognitive Sciences, 2011, 15(5): 227-239.

[137] Eppinger B, Nystrom L E, Cohen J D. Reduced sensitivity to immediate reward during decision-making in older than younger adults [J]. PLoS one, 2012, 7(5): e36953.

[138] Samanez-Larkin G R, Mata R, Radu P T, et al. Age differences in striatal delay sensitivity during intertemporal choice in healthy adults [J]. Frontiers in Neuroscience, 2011, 5: 126.

[139] Li Y, Baldassi M, Johnson E J, et al. Complementary cognitive capabilities, economic decision making, and aging [J]. Psychology and Aging, 2013, 28(3): 595.

[140] Gilbert R J, Mitchell M R, Simon N W, et al. Risk, reward, and decision-making in a rodent model of cognitive aging [J]. Frontiers in Neuroscience, 2012, 5: 144.

[141] Chowdhury R, Guitart-Masip M, Lambert C, et al. Dopamine restores reward prediction errors in old age [J]. Nature Neuroscience, 2013, 16(5): 648.

[142] Eppinger B, Schuck N W, Nystrom L E, et al. Reduced striatal responses to reward prediction errors in older compared with younger adults [J]. Journal of Neuroscience, 2013, 33(24): 9905-9912.

[143] Samanez-Larkin G R, Levens S M, Perry L M, et al. Frontostriatal white matter integrity mediates adult age differences in probabilistic reward learning [J]. Journal of Neuroscience, 2012, 32(15): 5333-5337.

[144] Lighthall N R, Huettel S A, Cabeza R. Functional compensation in the ventromedial prefrontal cortex improves memory-dependent decisions in older adults [J]. Journal of Neuroscience, 2014, 34(47): 15648-15657.